前环衬图片：袁隆平在湖南省杂交水稻研究协作组会议上发言

Volume

12

Yuan Longping Collection

Volume 12
Research Notes

主　编 ————— 柏连阳

执行主编 ————— 袁定阳

　　　　　　　　辛业芸

『十四五』国家重点图书出版规划

湖南科学技术出版社 · 长沙

袁隆平全集

第十二卷

科研日记

本卷编著人员

主　编　谢长江　辛业芸

出版说明

　　袁隆平先生是我国研究与发展杂交水稻的开创者，也是世界上第一个成功利用水稻杂种优势的科学家，被誉为"杂交水稻之父"。他一生致力于杂交水稻技术的研究、应用与推广，发明"三系法"籼型杂交水稻，成功研究出"两系法"杂交水稻，创建了超级杂交稻技术体系，为我国粮食安全、农业科学发展和世界粮食供给做出杰出贡献。2019 年，袁隆平荣获"共和国勋章"荣誉称号。中共中央总书记、国家主席、中央军委主席习近平高度肯定袁隆平同志为我国粮食安全、农业科技创新、世界粮食发展做出的重大贡献，并要求广大党员、干部和科技工作者向袁隆平同志学习。

　　为了弘扬袁隆平先生的科学思想、崇高品德和高尚情操，为了传播袁隆平的科学家精神、积累我国现代科学史的珍贵史料，我社策划、组织出版《袁隆平全集》（以下简称《全集》）。《全集》是袁隆平先生留给我们的巨大科学成果和宝贵精神财富，是他为祖国和世界人民的粮食安全不懈奋斗的历史见证。《全集》出版，有助于读者学习、传承一代科学家胸怀人民、献身科学的精神，具有重要的科学价值和史料价值。

　　《全集》收录了 20 世纪 60 年代初期至 2021 年 5 月逝世前袁隆平院士出版或发表的学术著作、学术论文，以及许多首次公开整理出版的教案、书信、科研日记等，共分 12 卷。第一卷至第六卷为学术著作，第七卷、第八卷为学术论文，第九卷、第十卷为教案手稿，第十一卷为书信手稿，第十二卷为科研日记手稿（附大事年表）。学术著作按出版时间的先后为序分卷，学术论文在分类编入各卷之后均按发表时间先后编排；教案手稿按照内容分育种讲稿和作物栽培学讲稿两卷，书信手稿和科研日记手稿分别按写信日期和记录日期先后编排（日记手稿中没有注明记录日期的统一排在末尾）。教案手稿、书信手稿、科研日记手稿三部分，实行原件扫描与电脑录入图文对照并列排版，逐一对应，方便阅读。因时间紧迫、任务繁重，《全集》收入的资料可能不完全，如有遗漏，我们将在机会成熟之时出版续集。

《全集》时间跨度大，各时期的文章在写作形式、编辑出版规范、行政事业机构名称、社会流行语言、学术名词术语以及外文译法等方面都存在差异和变迁，这些都真实反映了不同时代的文化背景和变化轨迹，具有重要史料价值。我们编辑时以保持文稿原貌为基本原则，对作者文章中的观点、表达方式一般都不做改动，只在必要时加注说明。

《全集》第九卷至第十二卷为袁隆平先生珍贵手稿，其中绝大部分是首次与读者见面。第七卷至第八卷为袁隆平先生发表于各期刊的学术论文。第一卷至第六卷收录的学术著作在编入前均已公开出版，第一卷收入的《杂交水稻简明教程（中英对照）》《杂交水稻育种栽培学》由湖南科学技术出版社分别于 1985 年、1988 年出版，第二卷收入的《杂交水稻学》由中国农业出版社于 2002 年出版，第三卷收入的《耐盐碱水稻育种技术》《盐碱地稻作改良》、第四卷收入的《第三代杂交水稻育种技术》《稻米食味品质研究》由山东科学技术出版社于 2019 年出版，第五卷收入的《中国杂交水稻发展简史》由天津科学技术出版社于 2020 年出版，第六卷收入的《超级杂交水稻育种栽培学》由湖南科学技术出版社于 2020 年出版。谨对兄弟单位在《全集》编写、出版过程中给予的大力支持表示衷心的感谢。湖南杂交水稻研究中心和袁隆平先生的家属，出版前辈熊穆葛、彭少富等对《全集》的编写给予了指导和帮助，在此一并向他们表示诚挚的谢意。

湖南科学技术出版社

总　序

一粒种子，改变世界

一粒种子让"世无饥馑、岁晏余粮"。这是世人对杂交水稻最朴素也是最崇高的褒奖，袁隆平先生领衔培育的杂交水稻不仅填补了中国水稻产量的巨大缺口，也为世界各国提供了重要的粮食支持，使数以亿计的人摆脱了饥饿的威胁，由此，袁隆平被授予"共和国勋章"，他在国际上还被誉为"杂交水稻之父"。

从杂交水稻三系配套成功，到两系法杂交水稻，再到第三代杂交水稻、耐盐碱水稻，袁隆平先生及其团队不断改良"这粒种子"，直至改变世界。走过 91 年光辉岁月的袁隆平先生虽然已经离开了我们，但他留下的学术著作、学术论文、科研日记和教案、书信都是宝贵的财富。1988 年 4 月，袁隆平先生第一本学术著作《杂交水稻育种栽培学》由湖南科学技术出版社出版，近几十年来，先生在湖南科学技术出版社陆续出版了多部学术专著。这次该社将袁隆平先生的毕生累累硕果分门别类，结集出版十二卷本《袁隆平全集》，完整归纳与总结袁隆平先生的科研成果，为我们展现出一位院士立体的、丰富的科研人生，同时，这套书也能为杂交水稻科研道路上的后来者们提供不竭动力源泉，激励青年一代奋发有为，为实现中华民族伟大复兴的中国梦不懈奋斗。

　　袁隆平先生的人生故事见证时代沧桑巨变。先生出生于20世纪30年代。青少年时期，历经战乱，颠沛流离。在很长一段时期，饥饿像乌云一样笼罩在这片土地上，他胸怀"国之大者"，毅然投身农业，立志与饥饿做斗争，通过农业科技创新，提高粮食产量，让人们吃饱饭。

　　在改革开放刚刚开始的1978年，我国粮食总产量为3.04亿吨，到1990年就达4.46亿吨，增长率高达46.7%。如此惊人的增长率，杂交水稻功莫大焉。袁隆平先生曾说："我是搞育种的，我觉得人就像一粒种子。要做一粒好的种子，身体、精神、情感都要健康。种子健康了，事业才能够根深叶茂，枝粗果硕。"每一粒种子的成长，都承载着时代的力量，也见证着时代的变迁。袁隆平先生凭借卓越的智慧和毅力，带领团队成功培育出世界上第一代杂交水稻，并将杂交水稻科研水平推向一个又一个不可逾越的高度。1950年我国水稻平均亩产只有141千克，2000年我国超级杂交稻攻关第一期亩产达到700千克，2018年突破1 100千克，大幅增长的数据是我们国家年复一年粮食丰收的产量，让中国人的"饭碗"牢牢端在自己手中，"神农"袁隆平也在人们心中矗立成新时代的中国脊梁。

　　袁隆平先生的科研精神激励我们勇攀高峰。马克思有句名言："在科学的道路上没有平坦的大道，只有不畏劳苦沿着陡峭山路攀登的人，才有希望达到光辉的顶点。"袁隆平先生的杂交水稻研究同样历经波折、千难万难。我国种植水稻的历史已经持续了六千多年，水稻的育种和种植都已经相对成熟和固化，想要突破谈何容易。在经历了无数的失败与挫折、争议与不解、彷徨与等待之后，终于一步一步育种成功，一次一次突破新的记录，面对排山倒海的赞誉和掌声，他却把成功看得云淡风轻。"有人问我，你成功的秘诀是什么？我想我没有什么秘诀，我的体会是在禾田道路上，我有八个字：知识、汗水、灵感、机遇。"

　　"书本上种不出水稻，电脑上面也种不出水稻"，实践出真知，将论文写在大地上，袁隆平先生的杰出成就不仅仅是科技领域的突破，更是一种精神的象征。他的坚持和毅力，以及对科学事业的无私奉献，都激励着我们每个人追求卓越、追求梦想。他的精神也激励我们每个人继续努力奋斗，为实现中国梦、实现中华民族伟大复兴贡献自己的力量。

　　袁隆平先生的伟大贡献解决世界粮食危机。世界粮食基金会曾于2004年授予袁隆平先生年度"世界粮食奖"，这是他所获得的众多国际荣誉中的一项。2021年5月

22 日，先生去世的消息牵动着全世界无数人的心，许多国际机构和外国媒体纷纷赞颂袁隆平先生对世界粮食安全的卓越贡献，赞扬他的壮举"成功养活了世界近五分之一人口"。这也是他生前两大梦想"禾下乘凉梦""杂交水稻覆盖全球梦"其中的一个。

一粒种子，改变世界。袁隆平先生和他的科研团队自 1979 年起，在亚洲、非洲、美洲、大洋洲近 70 个国家研究和推广杂交水稻技术，种子出口 50 多个国家和地区，累计为 80 多个发展中国家培训 1.4 万多名专业人才，帮助贫困国家提高粮食产量，改善当地人民的生活条件。目前，杂交水稻已在印度、越南、菲律宾、孟加拉国、巴基斯坦、美国、印度尼西亚、缅甸、巴西、马达加斯加等国家大面积推广，种植超 800万公顷，年增产粮食 1 600 万吨，可以多养活 4 000 万至 5 000 万人，杂交水稻为世界农业科学发展、为全球粮食供给、为人类解决粮食安全问题做出了杰出贡献，袁隆平先生的壮举，让世界各国看到了中国人的智慧与担当。

喜看稻菽千重浪，遍地英雄下夕烟。2023 年是中国攻克杂交水稻难关五十周年。五十年来，以袁隆平先生为代表的中国科学家群体用他们的集体智慧、个人才华为中国也为世界科技发展做出了卓越贡献。在这一年，我们出版《袁隆平全集》，这套书呈现了中国杂交水稻的求索与发展之路，记录了中国杂交水稻的成长与进步之途，是中国科学家探索创新的一座丰碑，也是中国科研成果的巨大收获，更是中国科学家精神的伟大结晶，总结了中国经验，回顾了中国道路，彰显了中国力量。我们相信，这套书必将给中国读者带来心灵震撼和精神洗礼，也能够给世界读者带去中国文化和情感共鸣。

预祝《袁隆平全集》在全球一纸风行。

刘旭，著名作物种质资源学家，主要从事作物种质资源研究。2009 年当选中国工程院院士，十三届全国政协常务委员，曾任中国工程院党组成员、副院长，中国农业科学院党组成员、副院长。

凡　例

1.《袁隆平全集》收录袁隆平 20 世纪 60 年代初到 2021 年 5 月出版或发表的学术著作、学术论文，以及首次公开整理出版的教案、书信、科研日记等，共分 12 卷。本书具有文献价值，文字内容尽量照原样录入。

2. 学术著作按出版时间先后顺序分卷；学术论文按发表时间先后编排；书信按落款时间先后编排；科研日记按记录日期先后编排，不能确定记录日期的 4 篇日记排在末尾。

3. 第七卷、第八卷收录的论文，发表时间跨度大，发表的期刊不同，当时编辑处理体例也不统一，编入本《全集》时体例、层次、图表及参考文献等均遵照论文发表的原刊排录，不作改动。

4. 第十一卷目录，由编者按照"× 年 × 月 × 日写给 × × 的信"的格式编写；第十二卷目录，由编者根据日记内容概括其要点编写。

5. 文稿中原有注释均照旧排印。编者对文稿某处作说明，一般采用页下注形式。作者原有页下注以"※"形式标注，编者所加页下注以带圈数字形式标注。

7. 第七卷、第八卷收录的学术论文，作者名上标有"#"者表示该作者对该论文有同等贡献，标有"*"者表示该作者为该论文的通讯作者。对于已经废止的非法定计量单位如亩、平方寸、寸、厘、斤等，在每卷第一次出现时以页下注的形式标注。

8. 第一卷至第八卷中的数字用法一般按中华人民共和国国家标准《出版物上数字

用法的规定》执行，第九卷至第十二卷为手稿，数字用法按手稿原样照录。第九卷至第十二卷手稿中个别标题序号的错误，按手稿原样照录，不做修改。日期统一修改为"××××年××月××日"格式，如"85—88年"改为"1985—1988年""12.26"改为"12月26日"。

9.第九卷至第十二卷的教案、书信、科研日记均有手稿，编者将手稿扫描处理为图片排入，并对应录入文字，对手稿中一些不规范的文字和符号，酌情修改或保留。如"弗"在表示费用时直接修改为"费"；如"∵"表示"所以"，予以保留。

10.原稿错别字用〔〕在相应文字后标出正解，如"付信件"改为"付〔附〕信件"；同一错别字多次出现，第一次之后直接修改，不一一注明，避免影响阅读。

11.有的教案或日记有残缺，编者加注说明。有缺字漏字，在相应位置使用〔〕补充，如"无融生殖"修改为"无融〔合〕生殖"；无法识别的文字以"□"代替。

12.某些病句，某些不规范的文字使用，只要不影响阅读，均照原稿排录。如"其它""机率""2百90""三~四年内""过P酸Ca"及"做""作"的使用，等等。

13.第十一卷中，英文书信翻译成中文，以便阅读。部分书信手稿为袁隆平所拟初稿，并非最终寄出的书信。

14.第十二卷中，手稿上有许多下划线。标题下划线在录入时删除，其余下划线均照录，有利于版式悦目。

目录

1972.2.29. 三师加围读经研

安徽农郭室刘仲元讲玉米雄花不育的问题.

退化冷一劣亦发育不足查.

进化冷一有利于杂种优势. 由向故到异花到异株.

本人试验:

不育率A　　　甲 ⟶ 生长势佳.
雄株率A　×　甲 ⟶ 接(近)(低)株

如何测定核或质遗传?

1. 环境影响的. —— 核変
2. F2 是一定比例的分离. —— 核
3. 不育处仍保定遗传下去. —— 质.

质遗传的又(分):

以母本家主导的 —— F1, F2

示范不宜、半不宜、不宜的介备。

2、以父车为主导的——地震主修
使不宜地先限。令地主地够用。

类型介级

会号	T	M
	0	100
	:	:
	:	:
	100	0

这可从中选
立二者的倍
搭车和极差中

0	0
1	10-20
2	50
3	80
4	100

应用问题

测定恢复率时，为了减少工作量，一方面搞回交，一方面搞加代（扩大繁殖株），以提高1配合率。

恢复率的转育

1. 直接转育：连续回交，同时花每一代选择符合要求的组合。工作量大，一般不采用。

2. 间接转育。

$$T_S \times 甲$$
$$\downarrow$$
$$F_1 \times 4$$
$$\downarrow$$
$$B_1 \times 4$$

性不育的即可自交，再繁二代即成。

100% 双进计级邦 问题

扣 ($T_s \times N$) ($T_s \times 12f$)

改为 ($F_s \times N$) ($M_s \times 12f$)

在后2亏 ($M_{344} \times 8_{14}$)($T_{WF9} \times 8_8$)

在8 记28 M. 都在4优发方.

1972年2月29日　安徽农学院刘仲元讲玉米雄花不育的问题

三师10团招待所

退化论——器官发育不完整。

进化论——有利于杂种优势，由同花到异花到异株。

本人试验：

不育系A　　甲→生长势强

　　　　×

保持系A　　甲→穗位低些

如何测定核或质遗传？

1. 环境影响的——核

2. F_2 呈一定比例的分离——核

3. 不育性能稳定遗传下去——质

质遗传的又分：

1. 以母本为主导的——F_1，F_2 出现不育、半不育、不育的分离。

2. 以父本为主导的——恢复系能使不育性克服，♂起显性作用。

类型分级

♂　　　　♀	T	M
	0	100
	⋮	⋮
	100	0

这可从中选出二者的保持系和恢复系。

0	0
1	10～20
2	50
3	80
4	100

应用问题

测定恢复系时，为了减少工作量，一方面搞回交，一方面搞自交（都取少数植株），但搞混合授粉。

恢复系的转育

1. 直接转育：连续回交，同时在每一代要选回交♀株作测交，工作量〔大〕，一般不采用。

2. 间接转育

$T_S \times$ 甲

    ↓

  $F_1 \times 4$

     ↓

   $B_1 \times 4$

凡不育的即可淘汰，再自交二代即成。

100% 双交种散粉的问题

把 $(T_S \times N)(T_S \times Rf)$

改为 $(F_S \times N)(M_S \times Rf)$

安农 2 号 $(M_{344} \times$ 留$_{14})(T_{WF9} \times$ 瓦$_8)$

瓦$_8$ 即对 M 型都有恢复力。

✓ 全国遗传育种学术讨论会.

〈1972.3.16.——3.25〉

3.16.上午.开幕式：梅林礼堂

一、省革委常委 ○时唐 没开幕词.

二、中共中央候补委员、○川省
革委付主任毛××○州飞讲话.

三、科学院领导小组军代表、郑同志
讲话.

遗传育种问题也一项比
较活跃的学科、会议次较大.
规模也极大.

过去研究人员到群众中去.联
系实际.取得一定成绩.这是好
的一面.任何一方面 ○○○○

论的研究和提高。

作为一个在电灵又会面的大总对
既要抓好灵又有灵活。不要大家都
搞一样的。

下午：①各团马上和毛主席的灵
有关问题②讨论会的精神。③提示
如何开好会的意见。④主席讲话。

会长的问题：
① 把毛主席这个代再传达之会。
② 增加会场的灵气的理解，好会
场的了解。
③ 把毛主席的意思代代会团大
协作，可加快速度。

④ 代表名单及住房号.

⑤ 开简报, 以交更好的动、办法
和研究问题. 召集动态一2天一次.

水稻杂优课题单

1. 徐恩远
2. 龙章
3. 邓化议　　　中大　　　　二中厅
4. 李昌发　　　海南科办　　　の..
5. 相文广　　　广东农开九　　409
6. 陆权其仁　　　　　　　　401
7. 陈经俤　　　海南发种科　　4中厅
8. 江山　　　　　　　　　'
9. 邓笑菜　　　　　　　　　409
10. 郭招椒　　　　　　　　　'
11. 刘金发　　　　　　　　406
12. 李文之平　　赣州农科所

13. 黄瑞纶　　广西农科院　　　202
14. 谢学民　　江苏植协会　　　304
15. 刘玉荆　　化工12　　　　　813
16. 徐宝琪
17. 王振华　　河北农委站　　　207
18. 黄承耀　　湖北农科所　　　209
19. 陈延三　　北京农科"　　　203
20. 李文芝　　林业所　　　　　301
21. 许南诚　　造纸所
22. 蔡俊迟　　制造协作组
23. 姚清皆　　湖北科技高　　　407

日程安排

17.下午: 等观 六道大队.

18号: 一天等观荒点减量使用市有竹究
顺路甘蔗法,等记708l (广东、河北威)

19号: 大会发言. 永远干诀不亦乎知化学蛋白只
等数不需下地

20号: 上午 大会发言. 附近村和造仕多
耐下不抗害.

20号下午—23.上午：小组讨论

23.下午—24号：大会发言.

25号—上午：讨论纪要

" .下午：闭幕式

　　会议进入小组讨论时要简短，由组内提供材料，不要方针大论，不说空头话。

　　发挥主观能动性，到田间现场活动时向群众学习。

　　既交一代代先进经验。

　　女发扬无产阶级风格，克服私字，不摆名利思想，高封馈。

　　组内活动由组内自由安排.
（如作总规划，如何完成和协作等）
　　引外代表到出队上搞现场参观

...在日本上，也务必到一起可仁。
他们报定的问题代表立有义务
去完成。

川省等又2海部从西边回来，可
等又2鹦歌海，定好森井，海港
川园收下，收完了，地带研究位，松
涛水库等。给三天时间。路书记
报情。今天定下来。

回去时时间和路书记定下来。

3.20.下午，小型讨论。

花：兄妹在失去总是有心离，究竟能
否成到不心离的在作特作用
的合？

424中22样5事S.

李建：唐4七本作化女院一。

河北王：无×兰农5号、元×诗-2，
败×二九六逢。子无成了1。

无同粒转后，都变成败的，所，
恢复的极少。其中和早的份为无
花粉。越向会地大f恢复或败育。
上海、新乡也有此记录。

邓先业：

① C_{δ} 流高10年过TM·高、
C^{σ} 先个高位原因是甚隆
地的美伴。有可能遗正不个高
继续持久以会变种母多
些，才能从中筛选立。

不把 C_{B} 同本作材动的

品种较好，通过选择，剔
除其不育因子。

② 红梅早（较丰产×新选矮11号）。
作母本F₂云散31做子都好，
不育达70%。作早也好选
表现一样不育的。

C×红—F₁6株，3株
100%红的多无花，另3株怀
育。

③ 料玉×云梅早，辛和105
子214株，只有1株下
不育60～70%而已。

④ 云梅早×红梅早，F₁不育

大亨不平.

⑤ C 群了这地绝多到1开, 的
　 此待非 结率达 70-90%。

⑥ 群 南卜辛等 從 而 偉 中勢.

⑦ 如成遗传左以出 苗 率 的 这
　 部 年技右.

⑧ 毛以5 回上 净毛, 好束 好 在.
　 另束中.

☆ 如何之的 哪些 型 左 的 信 技
　 力? 哪些 不 宜 材 料 比 最.
　 右荷途? 成又 對 收 在. 右
　 不 年 化. 怎样 功 是 是 项 技 孔 己

你们？本荚是待的解石1用，怎样用？本亥代换化引不引？

许南城：南特×发林131 BF5
12株 11株都95%不育，11株
84%不育。平均85%。今年13F05
去年差不多，不引美型一定有
少定无花粉的。

范：云南材料已近了代，30~40个
例，都加注持动。

李定平：① 高丝发了。
② C一粒之在山头上结3
16株之种子，再生叔桂100多
株一粒种子也没有。苗三岁
也没有侍美。
③ 400枝对测序有多%
顶头不同种谷的侍持方。

不育性与其方性状'加之相关？
完全要从多方科·揭之？

不育16×镜南矮子，4株3株
5.1株⑭。

两说降×镜南平15号，4株3
5：1⑭。

长势从回问⑪见小房，
也不是很好的。

泸州新的巨担矮S（C系
转育的）×巨担矮苗BF₂，3株
株中有⑪儿株败育。以⑮石
收级秒种说好，顶与3个
化去玩1~2株不育。有
2个化乡优势很好。

这年级位了一个结果，收
好一些多收成吗。

如：不能学给别用在现有道？

人工制造级级临价件 8 次寸
3.21. 现到 60 度对不起不高。

肇俊迁：改高树了个化会了，元记不高。
偽二九都了号. 1302. 住表不高. 全叔了号端
百二本为1千米.

当什么少收品计有年接力？
不清楚。8个子又忘量信专58成3:1
信高. 不X专更3又不成3:1. 左X后
级也不成3:1.

二九都了号临临FF. 临双. 含体专亭色
嘉以降. 13F2 含记帝. 当什么？
口学回头. 临双管长手十十高.
   信信都. 当计
飞学4对. 一好会顶, 其全管
下100不动培.

水稻究竟有无大杂种优势？

73个C系小区，也有2个转高少的
（10株）似研营，牵种也是有2
个小区转收2）含不高，这今还是有
合N牵种含S的化合。

C系有发现5株嵌合株，即
无、败、N、花同一样亡，为什么？

何世王：（无×美农5号）×1区亡子，3
株，2S，袋袋不实，BF，太多做不高。
内无花粉，从后来气很牵高，正规
也牵或2节，也很少做不实的。

上海刘：有异×栽、地远、和粳的讯
从好讯节材料，去�个化
合，即有60个，成这20个。

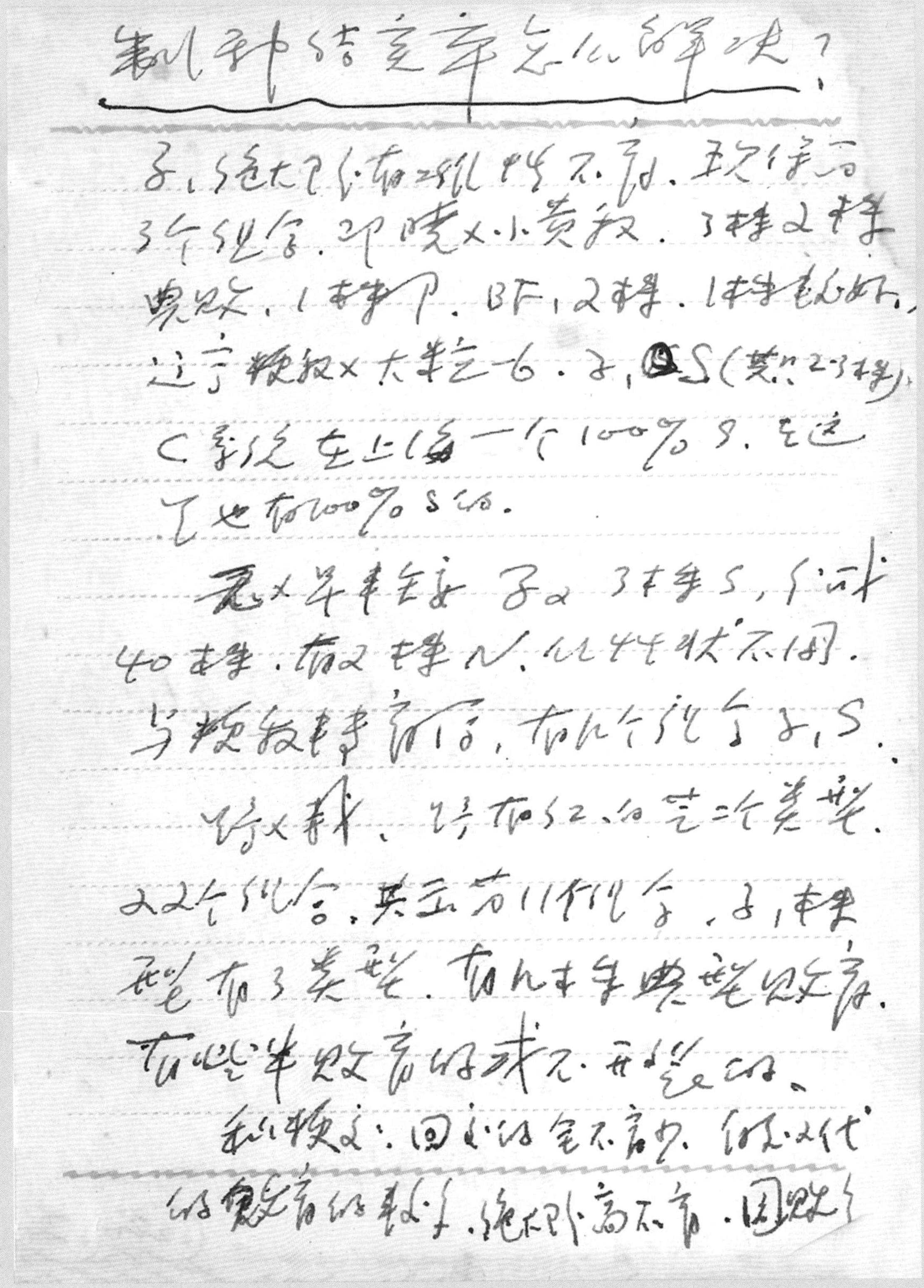
制种结实率怎么解决?

三系配套改方向是什么？
育种方向是什么？

小麦抗倒伏的收集、轧、穗芽之倾向和
收得不易收获高。

百谷×藤坂5号，用r线处理，
颖无花，每千粒很小。作较法则
用全生育论1系。这妹妹对颖
2两季3花颖性状1苗失。

遗传研评：70年2月日正式成立。

从无花次、秋翅叶（正反）及抖抖南
材料经采集前，就方可进行挥毫。

杂化外观方向也不以狗，好
行了。

秋冬受水不高抵定，反发大。

第代5穗莠绉的子中有一岁秒秘转定达成试
第5代比较达90~95%。吡类

下一代则性很爱等。

是否可考虑（国）扩大协作？

新育：用越冬作台。蓄京说一些
会不育，因为这印4项复。又发现了1个
新。知道表示吃不育辣椒辛秋问。

① 现在之攻还定不育率的问题，
立即保持率问题。不育材普
勾获得。

② 现在二代的育1014也定大，二代
育大，败到小，在有选择也奉长。
三个不育美些育如哪个为宜？

③ 抗美性状问题。

找芒砒专：作了500个种程序，已
又怠芒杂、辛秋小，子，协专记高反
不育。田都阳一弓大的个预数管
不育。选100个组合作回专。也

用卡快回文纸。2/3配合会
4恢复。配825%4恢复。

　　十九个5生含的正反交子，表现还
全一柔。子2的恕4（离无太笼纸，
化正反交向顶差孙。如农毛5岁
×二九型，正交13:14，反交32:6。

用台回交纸未究到一柱生宗40
会4恢纸。

花东：远豪轮，如何狼化手轮；
手种坏径不与言美。另一方面的计问
轮。纸不言此又不未和定。表老以
地建这续为好，同时改变其生片
4生优。遗传44轮稳定纸。

　　以乡2「离云不訋材料学究，
也不放过子，宗脱纸。

江西省：搞不错，一咬牙就志已，之
1144纸大。对你就实意材料还选
或任掌握争议志到助选，形式人
工制造希多大些，核付换以地
那上选此高好。为好

湖南1多号同年：✓
行比义×我接级纸加奇2 ✓
粳无志心轮宅贵
乱粳又地研选此高又也忘
记一些不言材料
个人那幸希多纸大，嗣怀伙小
尤选那掌握此同时言
注会造多坝贵长。

工农12刻：用州市私粳不言材料
作13 200于种子，优势以近
无×京·59. 17农生5生5续0%。
八农种·5-10%. 其实1-9长三.

无×合704. 份本全, 也年年传定2世年
0%. 关全1-9平之, 6世全定花甲。

⊗ 模11×C之合, 十九世生子, 会坏,
也取不官的毛女亲后当顷。 降生则 全核.

浙江讨才: 高粱开路, 抓学小麦, 猪
改九代。

又批州都材料作 三辈才
则巴一. 不吸矮, 男在怀计其有译
推力。

似造站不官材料, 以稀×种,
苦生子传交有纪作.

传文群述其神种.

人工引变 做安此州化不育。

细 | | | 素" S 0.1—0.2% 之间最好.
差" (海鸥) 铁件但取着杂1。

<u>3.22.(1972年)</u> ✓

绝大差: 不许工作组有牵牛. 两
年时间取的这么些结果, 走走等上力有
着呢时躲躲不存在许问题也差必些
人找不到保持等找走到怀疑.

本质不许你倒商徒等找到保持
等? 搞科子词强状态女学一些化
阴. 否则找不去搞了.

个人认为找到保持等是可能
的. 搞学前一般认为差本质造仿等
与仿化质无关, 因此就不可能
找到保持等.

最早发现与顶有关的总小芒麦。
杂交。小×芒→子1不育，回交后大
不育，只结少数种子。再回交几代，就
成了芒麦。的胞质不育系。以后此
埃及杂川造小麦的不育系。

这说明以胞核不都在同一布
在不同的染色体上。如大麦之发现
19个，玉米之有十几个。但它是晚顶
遗传因子的研究以小很不够。

花青纸遗传也介顶、核两种。
现在发现叶绿料中也有RNA。
（有的认为叶绿料是染色体的
的发生体）。细顶的遗传
很少人研究，但总单向遗传

天呀才之间.

然,在核中间的好在几种可言和不可言因.顶中也同样如此.如果编成号码.1号老因与1号吧顶定专言的话.可能2号老与1号吧顶定不言的.

核不言老在顶不言的老之基上发生的.石头是言不到的.级之,顶不言也是在本核不言的老础上发生的.同之,如果先口道哪些是顶不言,哪些是本核不言之后.就能言言三季.然核等中顶.本核如果都是可言的话.就会发生变化.因为这种美些细少.

筛选法，这缘数，女下工，以
女儿个新立级法引了。
顶不育的老品出土发生核裔变部
或缺不育就近一般论任主流。高
现在的问题是：有没有顶可的
的？有，化纪内。因数通过选
主来成的抑率纪内。比较好的
来远促了它到吧顶的加化。远
去选为了，今后立主促，跨白一代，
筛选化，女儿工，避免长发。

促顶的加化难，化成化后
其效率就比远系数好。

我可部以吧顶的加化。曰
种内找。曰种外找。
　广车的孖代主说不育，
长些红有希望的。

郭军代的意见：

上一阶段我们进行了交流，各代
都不错。化下一阶段怎么搞？？
如提出问题和规划，研究如何去
解决，找个领域的精神，
科学的态度，艰苦的作风。

过去搞的一段工作在本上是
经着广大人民而组织。（农民育种
家例外）。因此，应该是结合农民
的道路。过去对他们的工作在
本上是相似怀疑态度的。

所以在订规划时必须要破
逢迷信，解放思想，树立起

☆ 也争在说右差之气上订好行大，气
个因止止话。

话对长全兄弟。

不能否定一切：如毛主峰之项恩，
也" "坐仗甚人以举人。如或义小时，
又要老假这一个修辞因子来修辞成
了之七。

下午乙商定一个什美发讯，什忘
小气仅以快三天记命情况的发字。
内容：①君女的 ~~工条~~ 党辞，世层，
一致沈决不也重复。

　　　　　④今后的尖尖刊 —— 尺
以搞，辞决哪些问，如可协
作。—— 乙商实可引的，以就运发。

诱变等：不育材料可[：]①照
射。②人工化学诱变 ~~⊘~~

方法：①测交 ②人工合成 ③其他

代具体到地方单位怎么搞？是
不是都去搞？品种怎运动配栽
到哪一级？

034

形势　和小组的定义
————————————
一、进度情况和
存在问题
二、规划
① 遥控在这边研究.
② 三军的运商.
③ 化学药化—进度快10
④ 一军两用手.

综：1. 水牧车种优势的利用
太有前途
2. 路线—七军科、军教子
三结合、专业和群众结合—
即搞协作.———一门人
员.
————————————

3、走路女子，途径女子——
  之改之草（"如此"途径），提技革
  展革化——力争怎样组织.

4、遗传毛泽东等级研究——毛
  泽东研究哪几个字.

5、全国协作一规划人会议，
  到达.

6、与常规育种的关介子.

7、加强领导，老一级加强协作化.

3.23.   专题

12山: 1.前途. 2.加以领导. 由造价
石个领导起来. 进行小2合作. 各书店有
石个供给. 3.再七级割种——以免种.
   考许4级的杂文种.

邓芙莹: 1.二字与等起言种的信室.
   2.种子材料缺乏. 一生苍生上只有乏
   信息. 有智多等多及. 旧此如何去
   今合国引种. 事高珠团的品种瓷质.
   3.劝12种作仍宁. 这就了精益求精.
   ※ 加古头的东西都是好
   4.支好学. 元小逐虑到国外处.

蔡俊远: 1.又发挥祖国社会主义制
   度的优越性. 进行12协作.
   这就也有一个机构来抓. 足期
   研究. 讨论总结. 2. 各种代等的

和IO和稳定与单位传培养结合比表.

许布成：1. 如旱先基——在定义

3.24. 云南农大李隆友

一、杂种优势——有人说的在后新,
找物无"", 他在杂亞种中后
到一些结合有很大优势: 南特专
乱此种友(高五和饭), 三鲜子, 1多
7.8两台. 抗逆性强过合早.

二、不育系选育从65年秋名. 先是无
意识的。

云南省部工改也, 向美笔级了.
还有软米, 荣米, 香米种. 加种兰院
专古. 国改天选种. 玩和严色。

65年在台北8号和农兎58中
选了几百个天选和救字种. 专
这家中我的绝大P小,蜉生质变。

其中 … 一株（58年的）
纪录最高，以株又最 … ，まは一 …
种子。另一株（左边58的）… 种
子。… 66年 … 果 …
用 … 花林和红 … 了
… 种子 … 90%。… 种 …
… 又用红 … 保 …
68年 … 到 69年 …
… 在 … 促进下 …
… 搞 …

68 … 7代，… 在 …
… 花 … 林，
… 内 …
… 文 …
… 纪 … 袋 …
37号

不结实（在40%N花期：未见吐露）。
3—4天内还有受精能力。化劑结
实相当好，一穗在50—60粒。36号
不套袋的每一粒计多，27号套袋
都少一粒。7号3株在田间气不
结实，其中一株很近天花粉。（这
应当发生远交吧）9号（52化芜）
套袋不实，初以结实。

用高杆低杆杂交和无芒杆
和芒的之杂交，均未找到4代
莖子。

观察解释：如早恶（杆×粒）
×粒的话，杨质森所说就解释不了，
另一种可能是（早心×粒）×粒。
以此的情况来说，计虑低在台8中的。

71年 超960万 选'年钟中有2千基
结实了穗. 国印恢复了定在左
蕾的。

3.25. 郝蒙笔 作总结报告

要3一个地刻体会, 京场3峰. 总在2等
灰地科学实验活动搞出上水平.

农郊科教对农对专讲话.

计划到1980年粮食总产女
84亿斤。 要采次以女组织为管
实致.

海郊区革委付主化讲话.

1972年3月16—25日　全国遗传育种学术讨论会

3月16日　上午　开幕式: 榆林礼堂

一、广东省革委常委柯老致开幕词。

二、中共中央候补委员、四川省革委付〔副〕主任张四洲同志讲话。

三、科学院领导小组军代表郝同志讲话。

遗传学在国际上也〔是〕一项比较活跃的学科，会议次数多，规模也较大。

过来〔去〕研究人员到群众中去，联系实际，取得一定成绩，这是好的一面。但另一方面忽视了讨论的研究和提高。

作出一个有重点又全面的规划，既要有理论又有实际，不要大家都搞一样的。

下午: ①学习马列和毛主席"四论"有关部分。②讨论指示。③提出如何开好会的意见。④互相认识。

意见归纳:

①把水稻这个组再分成2个。

②按作物种类分组，好全面学习了解。

③水稻不育系是否组织全国大协作，可加快速度。

④代表名单及住房号。

⑤出简报，以便更好的学习、交流和研究问题，了解动态——2天一次。

水稻杂优组名单

1. 徐思祖

2. 庄　豪

3. 邓仕汉　中大　　　　　　　　　　　二中厅

4. 李昌发　海南科办　　　　　　　　　四中厅

5. 杨文广　广东农林水　　　　　　　　409

6. 陆树仁　　　　　　　　　　　　　　401

7. 陈经保　海南农科所　　　　　　　　4中厅

8. 江　山　　　　　　　　　　　4 中厅

9. 邓炎棠　　　　　　　　　　　409

10. 郭植湘　　　　　　　　　　409

11. 刘金龙　　　　　　　　　　406

12. 李文辉　赣州农科所

13. 黄珉猷　广西农科院　　　　202

14. 谢学民　浙江协作组　　　　304

15. 刘玉荆　黑龙江　　　　　　413

16. 张益群

17. 王振圻　河北农垦所　　　　207

18. 黄永楷　湖北农科所　　　　209

19. 陈建三　北京农科所　　　　203

20. 李文安　植生所　　　　　　301

21. 许南诚　遗传所

22. 蔡俊迈　福建协作组

23. 姚清臣　湖北科技局　　　　407

日程安排

17 日下午：参观六道大队。

18 号：一天参观崖城南凡〔繁〕南育 4 个点，顺路甘蔗站、南红、原子能所、北京胚优，安徽不育系，沈阳辐射和遗传所不育系、7001（广东、河北唐山），水稻干校、不育系和化学杀雄。

19 号：大会发言。

20 号：上午大会发言。

20 号下午—23 号上午：小组讨论。

23 号下午—24 号：大会发言。

25 号上午：讨论纪要。

25 号下午：闭幕式。

会议进入小组讨论时出简报，由组内提供材料，不要长篇大论，不说空头话。

发挥主观能动性，利用自由活动时间多交流学习。

印发一份代表名单、房号。

要发扬共产主义风格，克服保守，不能有名利思想，搞封锁。

组内活动由组内自己安排（如作出规划，如何突破和协作等）。

列席代表在组织上没有办法安排，但在思想上、业务上则一视同仁。他们提出的问题，代表应有义务去完成。

准备参观海南从西边回去，可参观莺歌海、原始森林、海港、钢铁厂、铁矿、热带作物研究院、松涛水库等，约三天时间。路费自己报销，今晚定下来。

回去的时间和路程也定下来。

3月20日下午　小组讨论

庄：兄妹交父本总是有分离，究竟能否找到不分离的有保持作用的♂？

424中22株5株S。

李文安：孕性标准要统一。

河北王：无×益农5号、无×琼-2，败×二九广莲，子$_2$不成3：1。

无用粳转后，都变成败〔育〕的，BF$_1$恢复的较多。其中象〔像〕♀的仍为无花粉，趋向♂的大多恢复或败育。上海、新疆也有此现象。

邓炎棠：①C系统，♂10株没有分离。

C系统分离的原因是显隐性的关系，有可能育出不分离的保持系，但♂要种得多些，才能从中筛选出。

另把CB同有保持力的品种杂交，通过选测，剔除其不育因子。

②红梅早（枚丰7号×珍珠矮11号）。

作♂时F$_2$出现了3：1的孕和不孕。不孕度达70%。作♀时则未出现一株不育的。

C×红——F$_1$6株，3株似红的为无型，另3株恢复。

③科六×广场早

子$_2$14株，只有1株F，其余60～70%不育。

④广二矮 × 红梅早，F$_1$出现大量不孕。

⑤C系统把包颈剥开，自然传粉结〔实〕率达70～90%。

⑥看来南特系统有保持力。

⑦要找遗传基础简单的选育保持系。

⑧应以回交为主，姊妹交为辅。

☆要明确哪些系有保持力？哪些不育材料比较有前途？成对测交有无希望？怎样确定是质核互作的？核遗传的能否用，怎样用？核代换法行不行？

许南诚：南特 × 农林131 BF$_5$12株，11株90～95%不育，1株84%不育，平均95%。今年BF$_6$与去年差不多。不孕类型——基本上是无花粉的。

庄：云南材料已达7代，30～40个测交，都有保持力。

李文辉：①育性鉴定。C-系统在山头上结了16粒种子，再生稻穗100多根一粒种子也没有。第三期也没有结实。

②400多对测交有33%有不同程度的保持力。

不育性与其它性状有无相关？怎样对待籼粳交？

不育16× 赣南早号，子$_1$4株，3株S，1株P。

西湖早 × 赣南早15号，4株，3S∶1P。

有优势的从田间目测看，也不是很多的。

泸州所的巨穗矮S（C系统转育的）× 巨穗矮 BF$_2$，30多株中有10几株败育。与江西晚稻品种测交，有2～3个，但出现1～2株不育。有2个组合优势很强。

现早稻作了一千多对，晚稻一千对测交。

部分不育系的利用有无前途？

人工制造的自交后代80对已见到60多对出现不育。

3 月 21 日

蔡俊迈：败育有 13 个组合，子$_1$ 出现不育的有二九南 7 号，1302，1 株不育，金稻 3 号三个组合，后二者各 1 株。

为什么少数品种有保持力？不清楚。8 个子$_2$ 群体约成 3∶1 分离。不 × 专系 32 不成 3∶1。无 × 艮稻也不成 3∶1。

二九南 7 号的 BF$_1$ 的不育株率显著下降，BF$_2$ 全部正常。为什么？

D 系回交后又发生孕性分离。

C 系 4 对，♂ 全育，杂种，一对全恢，其余皆有不育株。

水稻究竟有多大杂种优势？

73 个 C 系小区，♂ 只有 2 个株数少的（10 株）没有分离。杂种也只有 2 个小区（株数 2）全不育。迄今还没有 ♂ N 杂种全 S 的组合。

C 系 ♂ 发现 5 株嵌合株，即无、败、N，在同一株上，为什么？

河北王：（无 × 兰农 5 号）× 银坊，子$_1$ 3 株，2S，套袋不实。BF$_1$ 在海南元月抽穗，大多数不育。内无花粉，但后来气温升高，出现败育或正常，也有少数不实的。

上海刘：有野 × 栽，地远、籼粳和理化处理等材料。共作 80 个组合，湖南 60 个，本院 20 个。

制种结实率怎么解决？

子$_1$ 绝大部分有雌性不育，现保留 3 个组合，即晓 × 小黄稻，3 株 2 株典败，1 株 P。BF$_1$ 2 株，1 株较好。辽宁粳稻 × 大粒-6，子$_1$ S（其只 2~3 株），C 系统在上海一个 100% S，在这里也有 100% S 的。

无 × 早丰矮，子$_2$ 3 株 S，分成 40 株，有 2 株 N，但性状不同。与粳稻转育后，有几个组合子$_1$ S。

野 × 栽, 野有红、白芒二个类型, 22 个组合, 共出苗 11 个组合, 子$_1$ 株型有 3 类型。有几株典型败育。有些半败育的或不开裂的。

籼稻交、回交的全不育少、自交 2 代的败育的较多。绝大部分高不育, 园败多以植株倾向粳稻, 粒、穗型倾向籼稻的不育性较高。

三系的主攻方向是什么? 即主要方法是什么?

百倍 × 藤系 54, 子$_1$ 用 γ 线处理, 颖开不合, 米粒很小。作杂交的则闭合且粒饱满。现姊妹交的 2 株张颖性状消失。

遗传所许: 1970 年项目正式成立。

从理化、籼粳交 (正反), 及湖南材料的转育等方面进行探索。

理化处理方向性不明确, 故停了。

籼粳交不易稳定, 反复大。

在几十对中有一对较稳定, 已达 2 代, 第一代 5 株不育 90%, 第 5 代 12 株达 90~95%。准备下一代测恢复系。

是否可搞全国性大协作?

转育: 用越胜作♂, 曾出现一株全不育, 回交后即恢复。子$_2$ 呈 3∶1 分离。矮秆出现不育株机率较高。

①现在主攻还是不育系的问题, 亦即保持系问题, 不育材料容易获得。

②现在工作的盲目性很大, 工作量大, 效果小。应有选择地杂交。三个不育类型应以哪个为主?

③相关性状问题。

植生所李: 作了 300 个籼粳交, 主要是早粳、早籼。子$_1$ 均表现高度不育。如朝阳一号 ×6 个粳稻皆不育。选 100 个组合回交，也用♀作回交的。2/3的组合恢复。自交子$_2$ 50%恢复。

十几个组合的正反交子$_1$表现完全一样。子$_2$的育性分离无规律，但正反交间有差别。如农垦5号 × 二九南，正交13∶14，反交32∶6。用♂回交的未见到一株育性全恢的。

庄豪：远缘杂交，如同狼尾草杂交，杂种始终不结实。另一方面品种间杂交的不育性又不稳定。看来以地理远缘为好，同时考虑其生产性状、遗传性较稳定的。

以子$_2$分离出不育材料为主，也不放过子$_1$出现的。

江西李：搞不育系一哄而起，盲目性很大。对自然突变材料筛选保持系的希望感到渺茫，看来人工制造希望大些。核代换以地理上远距离杂交为好。

湖南张益群：

野败 × 栽培稻很有希望

粳无〔疑〕是比较宝贵

籼粳交、地理远距离交也出现一些不育材料。

个人看来希望很大，满怀信心。

在选育保持系的同时应注意选育恢复系。

黑龙江刘：用湖南籼粳不育材料作了200多对，子$_1$优势明显。

无 × 京59，17株5株结实0%，N花粉5~10%，其它1~9粒。无 × 合704，15株，结实2株0%，其余1~9粒，6株无花粉。

☆农林11×C之♂，十几株子$_1$全恢。

水稻不育系的主要矛盾为质，保持系则为核。

浙江谢：高粱开路，抓紧小麦，猛攻水稻。

对湖南材料作了三百多对测交，不晚矮、猪尿种等有保持力。

创造新不育材料，以粳 × 籼为主，子$_1$结实率很低。

野 × 栽还未抽穗。

人工引变多数为雌性不育，稻脚青以 0.1～0.2% 效果最好，并以海鸥洗涤做蘸着剂。

3月22日（1972 年）

鲍文奎：不育系工作很有希望，两年时间取得这么多结果，是世界上少有的。试验中存在许多问题也是必然的，有些人看到找不到保持系就感到怀疑。

核不育倒〔到〕底能否找到保持系？搞科学试验就是要冒一些风险，否则就不必搞了。

个人认为找到保持系是可能的。廿多年前一般认为是核遗传的，与细胞质无关，因此就不可能找到保持系。

最早发现与质有关的是小黑麦杂交。小×黑→子$_1$不育，回交后又不育，只结少数种子，再回交几代，就成了黑麦的雄性不育系。以后就按此法创造小麦的不育系。

许多植物的核不育基因分布在不同的染色体上。如大麦已发现 19 个，玉米也有十几个。但对胞质遗传因子的研究则很不够。

花药的遗传也分质、核两种。现在发现叶绿粒 ① 中也有 DNA（有假设谓叶绿粒是藻与植物的共生体）。但质的遗传很难研究，因是单向遗传无对立面。

在核中同时存在几种可育和不育基因。质中也同样如此，如果编成号码，1 号基因与 1 号胞质是可育的话，可能 2 号基〔因〕与 1 号胞质是不育的。

核不育是在质不育的基础上发生的，否则是看不到的。反之，质不育也是在核不育的基础上发生的。因此，如果知道哪些是质不育，哪些是核不育之后，就能育出三系。自然界中质、核如果都是可育的话，就会发生变化，因此这种类型很少。筛选法、远缘杂交要分工，只要几个单位做就行了。

① 叶绿粒：为叶绿体，是高等植物和藻类所特有的能量转换器。

质不育的基础上发生核突变而成的不育就是一般说的核不育，现在的问题是：有没有质可育的？有，但很少。因此通过测交来找的机率很少。比较好的办〔法〕是测定细胞质的办法，过去测少了，今后应多测，譬如一千个，筛选法要分工，避免重复。

测质的办法难，但成功后其效果就比远缘杂交好。

找可育细胞质的办法①种内找，②种外找。

广东的子$_2$代出现不育，是比较有希望的。

找连锁性状法：用有色品种进行辐射处理，同不育系进行大量测交。子$_2$代如果有色是育的就成了，如果平均分就不行了。

辐射当代的 S 是不可靠的。子$_2$的 S 多半为核型的。如在子$_3$、子$_4$才出现且不育程度不等的话，则可能〔是〕质型的。

北京陈：据日本报导〔道〕，保持系大概不成问题，主要是恢复系。

方法上应采取多种途〔径〕，因现在情况不明，规律未掌握。

增产效果不成问题，主要是在生产上会有什么问题。

把核不育的利用上去就是一个独创，因外国人不敢搞。

郝军代的意见：

上一阶段彼此进行了交流，各组都不错。但下一阶段怎么搞？即提出问题和规划。需要拿出自己的见解。要一个顽强的精神，科学的态度，艰苦的作风。

过去搞的一段工作基本上是跟着洋人后面跑的（农民育种家例外）。因此，应该总结农民的经验，过去对他们的工作基本上是抱怀疑态度的。

所以在订规划时必须破除迷信，解放思想，提出自己的独立见解。

☆力争在现有基础上订好订大，全国性的。

不能否定一切：如珠峰之测定。也不能迷信古人、洋人：如成 2∶1 时，硬要假设一个修饰因子，来修饰成 3∶1。

下午确定一个发言人，代表小组反映三天讨论情况的发言。

内容：①重要的工作、新的见解、进展，一般的就不要重复。

②今后的规划——怎么搞，解决哪些问题，如何协作——确实可行的，从实际出发。

福建蔡：不育材料可分：①自然的，②人工创造的。

方法分：①测交，②人工合成，③杀雄。但具体到地方单位怎么搞？是不是都要搞？群众运动应推到哪一级？

一、形势、进展和小组的意见情况和存存〔在〕问题

二、规划

①遗传基础的研究。

②三系的选育。

③化学去雄——过渡时期。

④一系两用等。

徐：1. 水稻杂种优势的利用大有前途。

2. 路线——生产科研教学三结合、专业和群众结合——搞协作——部门、人员。

3. 思路要广，途径要多——主攻三系（哪些途径），积极开展杀雄——力量怎样组织。

4. 遗传理论的研究——重点要研究哪几个问题。

5. 全国的统一规划〈 会议 / 交流

6. 与常规育种的关系。

7. 全国加强领导，省一级加强协作。

3月23日

江山：1. 前途。2. 加强党的领导。由遗传所领导起来，进行分工合作，各省应有所侧重。3. 再生稻制种——晚熟种与野生稻的杂交种。

邓炎堂：1. 三系与常规育种的位置。

2. 亲本材料缺乏，广东基本上只有矮仔占、矮南特系统，因此要向世界各国引种，丰富我国的品种资源。

3. 分工协作问题，这就可精益求精。有苗头的东西重点搞。

4. 要坚持，充分考虑到困难性。

蔡俊迈：1. 要发挥我国社会主义制度的优越性，进行分工协作，这就要有一个机构来抓。定期研究、交流、总结。2. 杂种优势的利用和固定与单倍体培养结合起来。

许南成：1. 指导思想——在意义

3月24日　云南农大　李铮友

一、杂种优势——有人说自花传粉植物无优势。但在杂交育种中看到一些组合有强大优势：南特占 × 乱脚龙（高原籼稻），三株$子_1$得7、8两谷。抗逆性超过♂♀。

二、不育系选育从1965年开始，先是无意识的。

云南省籼粳中间类型很多。还有软米、紫米、香米等。品种资源丰富，因此天然杂交现象严重。

1965年在台北8号和农垦58中选了几百个天然籼粳杂种。在温室中栽的绝大部分孕性恢复。其中有2株不孕的，一株（台8中的）很像籼稻，但种子像粳稻，未得一粒种子。另一株（农垦58的）得几粒种子。留种禾草，1966年照样不结实。用同株（台8的）花粉和红帽缨各作3穗授粉。前法不得种子，后者结实90%。杂交种在温室内保留1~2株仍不结实，1967年又用红帽缨授粉。1968年亦如此。到1969年才开始大量杂交。在湖南的促进下，校派5人专搞育种和不育系。

台8迄今已达7代，不育性基本稳定——花药瘦小不开裂，花粉大部份〔分〕败育，无内容物，多数是圆形，少数染色，但大小差异很大。37号袋套全部不结实（有40%N花粉柱头外露，3~4天还有受精力）。但杂交结实相当好，一穗有50~60粒。36号不套袋的得一粒种子，27号套袋未得一粒。7号3株在田间全不结实，其中一株接近无花粉（这是与龙台迟杂交的），9号

（红帽芙）套袋不实，杂交结实。

用高原、低原粳稻和矮秆籼稻与之杂交均未找到恢复系。

理论解释：如果是（粳 × 籼）× 粳的话，核质矛盾说就解释不了。另一种可能是（籼 × 粳）× 粳。即原始天然杂种是混在台8中的。1971年种960〔株〕天然杂种中有2株结实正常。因而恢复系是存在着的。

3月25日　郝梦笔作总结报告

开了一个胜利的会，开得及时，是在群众性科学实验活动基础上开的。

农林部科教处孟处长讲话：

计划到1980年粮食总产要8千亿斤①。重点项目要组织力量突破。

海南区革委副主任讲话。

---

① 1斤＝0.5千克。

无花粉型粳稻记载　72.3.

组　合	世代	插期	穗期	F	P	S	备注
× 农581	含	12.7.	2.下.				
× " "	F₁	"	2.下.	4	4		
69·3	含	"	"				
× "" "	F₁	"	"	4	4		住粉粒 粒短又
69-1	含	"	"				
× "	F₁	"	"	1	1		
× 京163	F₂	12.7.	1/3	17	14	3	0.P.
"	F₂	元.17	20/30	29	23	6	
			≦	46	37	9	

1972年3月　无花粉型粳稻记载

组合	世代	播期	穗期	苗数	F	P	S	备注
农581	♂	12月7日	2月下旬					
×农581	F_1	12月7日	2月下旬	4	4			
69-3	♂	12月7日	2月下旬					
×69-3	F_1	12月7日	2月下旬	4	4			1株似籼粳交
69-1	♂	12月7日	2月下旬					
×69-1	F_1	12月7日	2月下旬	1	1			
×京引63	F_2	12月7日	3月1日	17	14	3		O_1P_1
京引63	F_2	元月17日	3月20日	29	23	6		
			Σ	46	37	9		

1972. 5. 27.

发 新枝：

1. 子为什么会个高？ 珍类叉
是否不会老？

2. 老去为什么 关变？女地
4死是其独的·石种·研究生死 也
反因。

3. 正反文不同老细胞质遗传，
运动论说点太简单了。女可讲又共
究因素如信数高的结4.① 学稿，
复七别恢，可见核二间也不同
作用的。

4. 他许可一个品种都不会是
100%可靠的，还有一定收完了
不齐。二相比此不高转的责改
老品种生等4生、应飞光似完。

5. 此数度事定5对等色作，百多
加6倍又加2对，或年值倍作。

调试地区石个4表现
运径率·214对。
行只文×3784 3对
零件种 3个化合. 意13. 标1. 竞咬咬牙

7人事的搞. 元72名.

邯州行
羊收：30个化合. 有5个有一套经接等力.
红到选三个化到独立一代.
此致运径率. 4个. 记到下2
吐收：3045化合. 75o对. 面9个套经
接等力. 2个无花都. 型.

28个小粒不都有希优势
制种、芝石44多是主种子。

　　荃阳行

人又一名、30多个80计、100叙本说话
二九南一号8寸多4寸杂合不行、壮生青、
粒粒似小结实、天气不合、也麻合结、传实依
插秧1000多棵、京切一样效青。化轻、
不马结或狠少。

　　农院

有二个作合一个子、无衣非一个子、单改高、风
插秧似狠少。

籴种优势不后到1样好况寸、荃丰色100/棵
京记莜怯。小羊羊去即不一样、尤其
忌小萼。

四季根号技病生与不别生有相关。
我们观察到| 与生年高、矮颈专度、分封力、
无花果的树枝还寸有相关。

计划

一、对现在材料的利用：（高和矮的

二、创造新的新材料：以种种以
    等实二七生光、地识以、和颂生间
    等和种机顶造传的灵巧问题

三、化学苯龙认。

四、结到、和旬传方的呐呀文。

五、七认七代分桥
    几个问题
    一、指导之志不约呢以同（子水以烂）
        左方化以根于符合"习后净"必投
        代七左锌羊羊以及用肃派机论
    二、在对不别生的说识、和试修新生。

三、退化以水草的台，放人府到会在非花节
不好的差些有住培养成甲。

师院

�53一年还是不结，因为详的少，辞
择不了。

水稻稃后不带什么吧顶，我之相信
从观察来看，精进入卵时毛吧唱多，
而进完叶问未孩，完的了下就这吧顶，
国了卡，说吧顶只有子的地化知甲，合的
不也化甲是有疑问的。从多精以
卵来看，也讲不通。

从花非抽查来看，从无花非到
正常花非，细小问差些远很多的。
3571，在减收不型时有一次不型
吧退化，有一环去的不起好好退化

迅速加以恢复与强化。

可仅仅是在第一次收缩后即不再增大了。

败育花芽的发育进程则更加复杂，

需要恢复⋯⋯送元花都些较慢。

农使发新枝寸

要神伏芽：1、主干美异太的。

2、含于叶状互补的。

林佳仁工

郑阳：以与繁殖制造的不高材料为主。
地区适应性，计内报。

邵东州：地区适应多繁多，中x配和否。

零陵：和殖父留多兼地区适应性。
搞制种和争取观摩

续订州：地区适应余，七大麦军，和殖父。

长沙：和殖父，地区适应余。
青（5）x 88-822 制种。
"	"	x 南太制13
州侯和回上。

晚阳：红莲制造 20个5足多。
观摩争优 8个们合。
制种1亩。

郴州：以与物殖父等川造的不高
材料为主。
v 地区适应徐好老品种

制计：2市.

章程：1、通责回示.
2、向地记运5系首元.
3、行x载.

笔记：和发 地记运5系方元（...）
载行.

材料：和x顺. 地记运5系（和.）
根据材料与章文之部结合

说明：回志，请行话再决定.

师范.专业：1、根据
2、在野发言记学.
3、S. N 毛仪小折.
4、单信传培养

望子山：1、话x载
2、地记运5系（古芳x纹）
3、回示. 4、制种：1市.

发根定：1、单倍体培养
2、人工花粉发育试验.
3、花粉发育切片.
4、多44代遗传变异记录.
5、4302化小区、不育可
育的记录和株选株机.
6、记载材料作参考.

1972 年 5 月 27 日

裴新树：

1. 子$_1$为什么会分离？野败是否不纯？

2. 是否为自然突变？要把恢复株自交留种，研究其发生原因。

3. 正反交不同就是细胞质遗传，这种说法太简单了。也可能又〔有〕其它因素，如倍数高的作♀，孕性高，反之则低，可见核之间是有不同作用的。

4. 任何一个品种都不会是 100% 可育的，总有一定数量的不育。∴有些不育株的出现是品种特性，而不是自然突〔变〕。

5. 水稻原来是 5 对染色体，后来加倍又加 2 对，成异倍体。

湘潭地区所情况

远缘杂交 214 对。

野败 ×3784 3 对

制种 3 个组合，意 B、辐 1、突破 1 号等。

7 人专门搞，干部 2 名。

郴州所

早稻：30 个组合，有 5 个有一点保持力。

人工制造二个组到返〔反〕交一代。

地理远缘杂交 4 个，现制 F$_2$

晚稻：304 组合，750 对，9 个有保持力，2 个无花粉型。

28 个籼粳交都有杂种优势。

制种：共有 4 千多粒种子。

益阳所

人员一名，30 多个品种，100 多对测交，二九南一号 8 株，4 株全不育，1 株育。粳稻测交的子$_1$无全不育，也无全育。结实低，辐射 1 000 多株，出现一株败育，但杂交、不结实或很少。

农院

有二个组合，一个 $子_1$ 无花粉，一个 $子_1$ 半败育，但株数很少。

杂种优势只看到相对，总粒数／株表现最强。多、单本表现不一样，尤其是分蘖。

日本报道抗病性与不育性有相关。我们观察到与株高、穗颈长度、分蘖力、开花早闭花迟等有相关。

计划

一、对现有材料的利用：分离和提纯。

二、创造新的不育材料：以籼 × 籼为主：生态型、地理上、籼粳中间型和细胞质遗传的类型之间杂交。

三、化学杀雄。

四、解剖、单倍体方面的研究。

五、生理生化分析。

几个问题

一、指导思想不够明确（学术上的），在方法上倾于符合"矛盾论"思想，但在解释上是用摩派理论。

二、对不育性的认识、对待方法。

二、选什么样的♂，有人看到♂花粉发育不好的类型有保持作用。

师院

学了一年还是不懂，因为了解得少，解释不了。

水稻精子不带细胞质，我不相信，从观察来看，精进入卵时呈眼睛形，两边亮中间核，亮的部分就是胞质。因此，说明质只有♀的起作用，♂的不起作用是有疑问的。从多精入卵来看，也讲不通。

从花粉检查来看，从无花粉到正常花粉的中间类型是很多的。

35171，有一部分在减数分裂时第一次分裂时退化，有一部分在四分孢子时退化，还有少部分在后期在〔再〕退化。

四分孢子在第一次收缩后即不再增大了。

败育型的发育过程则更加复杂。容易恢复，∴以选无花粉型较好。

农院裴新树

杂种优势：1. 亲本差异大的。

    2. ♂♀性状互补的。

协作分工

邵阳：以杂交创造新不育材料为主，地理远距离、种内杂交。

自治州：地理远缘为主，中 × 非和意。

零陵：籼粳交为主，兼地理远缘，搞制种和杂优观察。

衡阳：地理远缘，生态类型和粳交。

岳阳：籼粳交，地理远缘。

  青（S）×88-822 制种

  青（S）× 意大利 B

  测交和回交

黔阳：人工制造 20 个组合。

  观察杂优 8 个组合。

  制种 1 亩①。

郴州：1. 以物理处理创造新不育材料为主。

  2. 地理远缘 × 古老品种。

  制种：2 亩。

常德：1. 继续回交。

  2. 地理远缘为主。

  3. 野 × 栽。

---

① 1 亩 ≈ 666.7 平方米。

益阳: 籼稻地理远缘为主（新疆 × 浙江　古老种）

　　　栽 × 野。

株洲: 籼 × 粳。地理远缘（和）辐射材料与常规育种结合。

韶山: 回去请示后再决定。

师院长沙: 1. 辐射。

　　　　　2. 花粉发育观察。

　　　　　3. S、N生理生化分析。

　　　　　4. 单倍体培养。

贺家山: 1. 培 × 栽。

　　　　2. 地理远缘（古老籼稻）。

　　　　3. 回交。

　　　　4. 制种: 1亩。

农学院: 1. 单倍体培养。

　　　　2. 人工花粉发芽试验。

　　　　3. 花粉发育切片。

　　　　4. 孕性的遗传变异观察。

　　　　5. 生理生化分析: 不育、可育、部分不育和化学
　　　　　去雄。

　　　　6. 现有材料的分离。

5.31. 中国农科院

关于水稻不育系的联系人的座谈.

沈谨朴 一 生产组.

京小湖 一 作物所领导小组

方向对,信心足,左翼纪运动.

不育 章版科科长 一 高
农井科院科科长生组.

以后的技术资料寄给小吴.

1972 年 5 月 31 日　关于水稻不育系的联系人的座谈

中国农科院

沈谨朴——科研生产组。

康小湘——作物所韶山点

方向对，信心足，群众运动。

不育系禀报材料要一份寄农林科院科研生产组。以后的技术
资料寄韶山点。

6.5. 仪寿传文举

人中头：12。面积：3-4亩。

去年迟 60岁 化下一个。71年种了三造。

现已到13F₁ — 13F₂。

200多也化下一2。20亩对田。

在化穗加治合：拉线每 7样6千半S。

把石更打挤4块宽。发荣113迟迟如此。

红仅60天4，68-89有1字8条力。

68-89一下，30-40样有2-8千半S。

13F₁ 8千半 有3-4样宽 到之世

入13F₂。60天4。BF₁6千半 有2样半S。

种子整迟对春叫全 有化穗。

春小全 田F₂，21样共6样下。

重上有叫轮轮。

1972 年 6 月 5 日　汉寿张文举的讲话

人数：12。面积：3~4 亩。

去年建 60 米^2 温室一个。1971 年种了三造，现已到 B_1F_1——B_1F_2。

200 多个测交，二十多对⊗。

有保持力的♂：红矮早 7 株 6 株 S，但后来分蘖恢复，龙草 113 也是如此，现仅 6044，68-899 有保持力。68-899——F_1 30~40 株有 7~8 株 S。BF_1 8 株有 3~4 株 S。现已进入 BF_2，6044，BF_1 6 株有 2 株 S。

科学系统对青小金有优势。

青小金⊗F_2，21 株只 6 株 F，属败育型。

1972.6.13. 何院专指示.

一. 协作会拖延到 9或10.11月间.

二. 协作会山18的讨论至少1次4省
次, 成年. 经验.

④. 怎样贯彻毛主席革命路线的
经验.

三. 丈流经世、打诈, 将來如
何院、研究什么问题.

9. 制定规划 —— 四五计划
内容.

三. 搞起 —— 群建、地区之间
树协作问题.

材料、塑料、丝织、成年
以及信.

协作制度——一年开一次讨
论会、
汇编资料书.
六、范坒材料. 要群众化
多介绍. 其它少介绍.
法 5 宅 3 钱都好了.
七、群众运动的经验. 降低
成本极好4.

时间、计划、协作
多此次调查的三个内容
记也

1972 年 6 月 13 日　何院长指示

一、协作会推迟到 9 或 10、11 月份。

二、协作会的目的主要是交流情况、成果、经验。

怎样贯彻毛主席革命路线的经验。

三、交流设想、打算，将来如何开展，研究什么问题。

四、制定规划——四五计划内的。

五、措施——省际、地区之间的协作问题。

材料、资料、思想、成果等的交流。

协作制度——一年开一次讨论会。

汇编资料等。

六、蒐集材料，了解杀雄等情况，其它新情况、新经验都
要学。

七、群众运动的经验，群众的积极性。

时间、计划、协作为此次调查的三个主要内容。

1972.6.15. 广东协作组会议

综合组：

总的形势：来势猛、劲头大，问题不少，没有突破。各地的兴趣仍然很高，有卅多个县参加协作，多数为县一级的研究单位、少数公社和一个大队。有一级良种场的单位都参加了。总共有50多个单位。立足三结合。

5月初在肇庆开了一次小型会议，交流海南冬作一造的情况和了解今年早造的研究项目，讨论一个县自身45规划，并制定一个省的45规划。

进度和设想：

1. 会计优势 —— 各地结算不一致
有七省产、大七省产的，这在平产威在
前。配办方面题也请早费什。

对今年作一应以上的好综合意
主。\~~化~~字季左化，到(用不离生)。

2. 对机找作等等和收集各两
类材料以何写高价上揍了意义。

尚有用四去体不断提高不亩
亦。对云南材料进到了去化化
主发表意义，好争库一造叻呀。

3. 规划机字左化问题

广义怠上的年分纸弦草应用化
学农剂(Trav 450)生产下的。对
布2代的种名残石苦女检验。氧
氢酰/伏好残毒攺佰. 攺华核延甲
老外酸·隽。

未知干技·讷能类地区搞芸左化.
秘好.

4、研究制种制本：如自头生
18力, 花粉·喜传生防力, 套牛计状
引收芽.

5、毛毛净研究：三种以内主亥
楷好
顶, 生毛毛化人测定(S和N
龙区剂) 　　　　鼓辅层·乎新类别防,
讵那牛名的偏信运和呼吸忙度·庄

顺道示。4部卫。

---

6. 统一鉴定的标讯。

敌后，在奉华会反有工作者收。
止印发保了一下工。`5①题`

① 栽×停。

② 轧×核

③ 地讯运保

④ 矢客排×矢客保占字保

⑤ 择×和。

拟送3一些比轻良好的
材料：

① 选注。红×两，52×斜6.

② 484×66.699 424=接诸笃之
送奉。彗等伐。

③ 台山一个.

④ 对台一个

⑤ 小和一个.

74年搞示三季. 一季两用在过
渡时都可以改差. 化子东化三年.
75年在生产上小面积应用.

6. 7. 8 到下面调查, 9月份立
可全省会议. 定云45规划.

（肇庆地区所的小秧无性杂交提
成功）.

现在仍然是陷于连续, 乎方代,
还不能提什么选育改差。

每一级一段1-2名技术员，5-6名贫下中农，以农科所为主也与社农科队结合。

1972 年 6 月 15 日　广东协作组会议

徐思祖:

总的形势: 来势猛、劲头大, 问题不少, 没有突破。各地的兴趣仍然很高, 有廿多个县参加协作, 多数为县一级的研究单位、少数公社和一个大队。省一级搞种子的单位都参加了, 总数有 50 多个单位。实行三结合。

6 月初在肇庆开了一次小型会议, 交流海南冬凡〔繁〕一造的情况和了解今年早造的研究项目, 讨论一个县的 45 规划并制定一个省的 45 规划。

进展和设想:

1. 杂种优势——各地结果不一致, 有增产、大增产的, 也有平产减产的。看来, 配合力问题比高粱复杂。

要求今年拿一亩以上的好组合出来（化学杀雄、利用不育株）。

2. 对难找保持系和恢复系两类材料如何搞法交换了意见。

前者用回交法不断提高不育率。对云南材料进行了系统整理, 但未发表意见, 要待看一造以后。

3. 规划化学杀雄问题

广交会上日本介绍蔬菜是用化学杀雄（FW450）生产 F_1 的。对第 2 代的种子残留量要检查。氟氯酰铵的残毒没有, 效果接近甲基砷酸钙。

永和干校和韶关地区搞杀雄较好。

4. 研究制种制〔技〕术: 如柱头生活力、花粉离体生活力, ♂♀种植行数等。

5. 理论研究: 三系的内在实质, 生理生化指标测定（S 和 N 的区别）——颤绒层、多糖类消长, 淀粉粒的偏位和呼吸强度, 原生质溢出情况。

6. 统一鉴定的标准

最后, 在各单位原有工作基础上初步分了一下工。分 5 类:

①栽 × 野

②籼 × 粳

③地理远缘

④矮南特 × 矮仔占系统

⑤糯 × 籼

挑选了一些比较良好的材料：

①湛江、红 × 西，红 × 科6。

②484×68-899，424-□□草2号□来，蔡善信。

③台山一个

④新会一个

⑤永和二个

1974年搞出三系。一系两用在过渡时期可以考虑。化学杀雄三年。1975年在生产上小面积应用。

6、7月到下面调查，9月份召开全省会议，定出45规划。

（肇庆地区所的水稻无性杂交很成功）。

现在仍然是提多途径、多方法，还不能提什么是主攻重点。

县一级一般1~2名技术员，5~6名贫下中农，以农科所为基地与社农科站结合。

1972. 6. 16. 广东农科院
　　　粮食局.

叶：看10几页通知，还未批到底完.
以后□写成文字等1间接.

　　开会上说《毛泽 对今后工作》有
很大促进作用.

　　去年成功搞杂交（比这）和抽
时. 现到F2. 专区北纬和云南
的情要也和科二革父。粳稻
来、谷载也做了一些.
　　　　　（10~20斤/粒选片）
P³² 处理的F₁表记S才生很多,
比I86σ交等好些。在盲程度往
好发无在外壁.（则是20-30个化
全者P恢复.
　　单x妹也记录S对性.

以此也代达佩奥运得舟动结合半
实对立了。

　　×　　　　×

　　无宁这读云南水牧品动
瓷使。

　　填世附近——种牧才养
此使。

　　峨山——丰泽。

　　剑川——栽培和牧又

蔽高之地。

1972年6月16日　广东农科院会议

粮食所

叶：前日得到通知，还未进行研究，以后写成文字寄湖南。

开会交流经验对今后工作会有很大促进作用。

去年开始搞杂交（地远）和辐射，现到 F_2，长江北的和云南的同本地稻科六杂交。粳籼交，野、栽也做了一点。

P^{32} 处理（$10\sim20\,u$〔μCi〕/粒较好）的 F_2 出现 S 株很多，比钴60效果好些，不育程度很好，为无花粉型，测交 $20\sim30$ 个组合都恢复。

早 × 晚也出现 S 株。

以地理远缘为主另结合辐射处理。

※　　　　　　　※

王高远谈云南水稻品种资源

滇池附近——籼稻抗寒性强

峨山——丰富

剑川——栽培籼稻最高之地

1972.6.19.

新会议城...花农科场
品培表：

选用：那南材料 C 代选育。

1. 合不育，华种状正常.
2. 华种不育，合状育.
3. C×红核手 F₁不育，记华回
   来头，册各回交.
4. 败育笔不稳定，不开花授交.
5. 怎样研究选育此，对记C 笔
   育，快选择选.

1972 年 6 月 19 日　新会环城公社农科站吕培隶的讲话

主要用湖南材料 C 系选育

1. ♂不分离，杂种就正常。

2. 杂种不育，♂就分离。

3. C× 红枚早，F_1 不育，现带回禾头，准备回交。

4. 败育型不稳定，不打算做。

5. 想按系统选育法处理 C 系统，使之稳定。

1972.6.20
中山大农科所
张南煃

CB×杂枝苄 低回又全P4反复，
对私枝又不走典似. 合乎44
不育不去2尺1.

从香搞地毛毛运个気放. (弦
杯) 送前. 記岁.

尖 典地4号 (他图IR-5迄王.) ×
灰苇7号 4 F_1. 立环高不育.
续<20% 自动 (改育气). F_2这主由地方
美败是P仍育低. 续复石高低少.
天全S低.
偏化~A级 组合优势较低.

1972 年 6 月 20 日　中山县农科所骆南煌的讲话

CB× 红枚早的回交全部恢复，对籼粳交不感兴趣。♂♀ 性不育不规则。

准备搞地理远缘杂交（矮秆）选育不育系。

※ 兴农 4 号（自 IR-5 选出）× 龙稻 7 号 4F_1 出现高不育。结实 < 20%（败育型）。F_2 已抽穗，多数是部分不育的，结实 % 高的少，无全 S 的。侨 IL-A 的组合优势较强。

1972.6.22.

广州市农科所

陈华光：化杀总市协作化杀高粱。

52校早，科6选2测验的F1亦出现5株。

我们校了和大田中选出5株。

广场6号×美州稗 F_5中选出，5株。无花粉。作了100株测验，

科6×广科（广场6号×科情稻）

F_4发现5株。

日优×珍汕、广解×9、矮南特、青小金等。第一代全回，第二代出现不育株。其余回

文伯皆4成灵.

粳籼之布一代普遍云说不育.

化到结实才发现, 可能为9S.

在些结合F, 在形达上看不出

优势优亲都增加.

三生立才×广选9号	合	早	F₁	±%
三生立才×广选9号	675.5	386.9	833.5	+59.5
" ×红梅早	574.5		735.5	53.1
" ×梅幸	611.5		577	156
" ×城幸	443.5		664	60

5-8% 1浓度. 87-94% 叶

色 好草 黄好. 1株 3c.c. 用气.

一株喷 ½ 的芽., ½ 的对才

喷. 结草喷的成结不发, 不黄

1:2=16=1:8　　　135.
0.12⟌16

给全组：

在海南5合代号英制/16

代种·水肥翻挫秋·

竹高×亡二矮

〃〃×秋亏选

亡陆矮×友革113

大共亩特×大,烷、亡、陆、珍种矮〇

亡陆矢矮×烷帅草

去年收选

们选传料·的结实一般20%

左右·柿肥降料可提高代多·

0.12亩,含亏收/收率亩种

亏16市斤、折亩亩133斤·

1972 年 6 月 22 日　广州市农科所会议

陈荣光：化杀是市协作组搞的，红枚早，科 6 选 2 测交的 F_1 出现 S 株。

籼粳交和大田中选出 S 株，广场 6 号 × 美洲种 F_5 中选出 S 株，无花粉型，作了 12 对测交，科 6× 广科（广场 6 号 × 科情 3 号）F_4 发现 S 株。

日华 × 珍江、广解九 9〔号〕、矮南特、青小金等，第一个组合回交第 2 代出现不育株，其余回交的皆恢复。

粳籼交第一代普遍出现不育，但到结实才发现，可能为 ♀S。

有些组合 F_1 在形态上看不出优势，但产量却增加。

	♂	♀	F_1 亩产	±%
三粒寸 × 广解 9 号	675.5	386.9	833.5	+59.9
三粒寸 × 红梅早	574.5		735.5	53.1
三粒寸 × 梅峰 7	611.5		577	15.6
三粒寸 × 越南	443.5		664	60

5~8% 浓度，87~92% 叶龄效果最好，1 株 3 c.c.[①] 用量。

一株喷 1/2 的蘖，1/2 作对照，结果喷的花药不裂，不喷的全裂。

在海南 5 个组合共制 16 斤种，准备翻〔秋〕播种。

竹矮 × 广二矮

竹矮 × 秋长选

广陆矮 × 龙草 113

大粒南特 × 龙、须、广、陆、珍珠矮（混合♂）

广陆矮 × □□草

去年晚造自然传粉的结实一般 20% 左右，辅助授粉可提高 1 倍。

0.12 亩，♂♀ 1∶1 得杂交种子 16 市斤[②]，折亩产 133 斤。

---

① c.c.：指毫升。
② 市斤：市制单位，1 市斤 = 500 克。

1972.6.25.

广东农科所 林:沁（？）等老师

424：苗可未卵无七希。苗争称。

现份不密，苗未来在砂石发芽。陈不可。给度种子

找。在海南育种迟到4-5月里

不育株。去春从海南带回禾苗

到石牌搞况又 F_1（翻秋）

的表现就意知道。

（络？） 去年收造在本所搞况别

又多的给化合。在海南鉴定 F_1、

现花定13 F_1 抽穗。

· X68-899 F_1 10株均 S，

13 F_1 多数4匹发，少数半

不育。

1972年6月25日　惠来县农科所会议

协作组蔡老师

424：柯木塱农场，品种区中发现的不育，用禾头在石牌观察，部分不育，结实种子。在海南凡〔繁〕殖选到4~5株不育株。去春自海南带回禾苑到石牌搞测交，F_1（翻秋）的表现庄豪知道。

去年晚造在本所搞测交30多个组合，在海南鉴定F_1，现在是B_1F_1抽穗。

×68-899　F_1，10株均S。B_1F_1多数恢复，少数为半不育。

72.7.1.

广西农科院：梁、韦二同志.

试验计划

继承有材料的选择.

选5条选种群.7个组合. F₁杂个化
表现好（如元我多，5）、回去还含枝,
轮种又有10几个组合好. 现已选
入回去2代.准备把它回去.任大队
栽选.

搞2年代回去.

重新配这5条群.

拉致今年5月才回去.

人工制造的材料15个组合.CF
还有多化代离.

C 都是太阳（不合理的种）或1：1/高

今在打穗……今不适当量兼
长势正适，继续提高测产、回交、和
人工制造。

李治球：以9卡本种取，11年这主
长好。9卡地制种，2个52字
花都不适。交季1字×广切种
68结实石可达20.1：2种地。
3卡地收较种518.10斤。
工收造二批看制2-3石代台。翻
秋并造备。14这个52字。

查查林史料行地址——佛山、

1039（栋）×宁送3号，F₁立记
线告。B2F，还有一P5桂。
孙邦宇×王在5号兵如州
我.程小老事不客命园之.
查询好址好，一创·压2004年，加
加立·记此本宝弓书集·大P5
各路看完。有1~2桂无在州。
记去搞况也一完去恶此妙好。
以5/8560—2~3万位改革最好。

今年二月三开了一次色质体协作
会，该38个点。仍工作这个任
务，陛是重复。金结比怖。

1972 年 7 月 1 日　广西农科院会议

广西农科院：梁、韦二〔位〕同志。

试验计划

自然不育材料的测交。

远缘近种杂交 7 个组合，F_1 有 2 个组表现较好（如天鹅谷等）、回交后全恢〔复〕，籼粳交有 10 几个组合较好，现已进入回交 2 代，准备继续回交，但大部分恢复。

搞隔代回交

重新配远缘杂交

野败今年 5 月才回交

人工制造的材料 15 个组合，CF_1 就有孕性分离。

C 系统大部分（不分♂和杂种）成 1：1 分离。

今后打算：以早造为重点兼搞晚造，继续搞测交、回交和人工制造。

杀雄：以甲基砷酸锌效果较好，9 分地①制种，2 个组合花期不遇。龙草 1 号 × 广塘珍的结实 % 可达 20，1：2 种植。3 分地收杂交种约 10 斤。

正晚造准备制 2~3 个组合，翻秋早造制 2~3 个组合。

桂林农科所地址——雁山

1039（粳）× 广选 3 号，F_1 出现 S 株。B_2F_1 还有一部分 S 株。兰龙 5 号 × 珍郴早亦如此。籼粳交看来不容易固定。辐射种子，一个小区 200 株，有的出现几株 S 株，大部分为败育型，有 1~2 株无花粉，现在搞测交主要是姐妹交，以钴 60——2~3 万伦〔琴〕效果最好。

今年二月召开了一次全区的协作会，设 38 个点，分了工，主要是分组合，避免重复，途径没有分。

---

① 1 分地 ≈ 66.7 平方米。

72.7.13.

	F	CP	P	HP	S
BE₁	4				
2)BF₁					2
BF₁	4		2	5	2
F₁	7				
F₁		1		3	4
F₁	1				1
F₁	7	1		2	4
F₁				2	7
F₁				1	5
F₁				1	4

一○年 高界最高 2605元/台
　　　　平均 …… 2100元/台。

72.7.13.

在 贺二山 车又站54号。

1. 铸14-1 [(铸×6444)×6340]
　　　×专付1-3　F，47支

2. 铸80-3 [(铸×铸166)×铸4-3]
　　　×白22-号　B片　　　18

3. 铸107-5 [(铸×铸66)×铸2615]
　　　×专回发 F，　　2支

4. 铸107-5
　　　×阳号-1 F，　　3支

1972年7月13日　在贺家山杂交的组合记录

	F	CP	P	HP	S
BF_1	4				
BF_1					2
BF_1	4		2	5	2
F_1	7				
F_1		1	3		4
F_1	1			1	
F_1	7	1		2	4
F_1				2	7
F_1				1	5
F_1				1	4

1971年高粱最高2 605斤/亩，玉米最高2 100多斤/亩。

1972年7月13日

在贺家山杂交的组合：

1. 野14-1〔（野×6044）×6044〕×常付-1-3　F_1　47粒

2. 野80-3〔（野×京引66）×向阳一号〕×向阳一号　BF_1　18〔粒〕

3. 野107-5〔（野×合66）×合615〕×美国稻　F_1　21〔粒〕

4. 野107-5×鸿巢-1　F_1　23〔粒〕

104

1972. 7. 15

云南省科技局华队走访.

一、关于全国协作会议的建先.

时间 10 东庆，吃多吏几个人

迫切期试协作，诗于左边设2个

过有高，粒子老长。力量比较强

在呈重。

半加会议以及华材料.

二、云南有育季4番比之

海南：60% 全不育. 30%偏高

不育. 云丰场 70% 全不育 20%

高不育. —— 红毛多

金风 F_1 做变力 20% B_2F_1 印达

80%

属高原籼、粳地区。粳稻是主要材料。

籼×籼，籼×粳亦可记认为
较好材料。

1972年7月15日　云南省科技局带队来访

一、关于全国协作会议的意见

时间 10 月中、下旬，希望多来几个人，迫切期望协作，许多应搞的工作没有搞，很多重复，力量没有使在点子上。

参加会议必须带材料。

二、云南不育系情况

海南：60 几 % 全不育，30% 高不育，云南的 70% 全不育，20% 高不育——红毛〔帽〕缨。

金风 F_1 恢复力 20%，B_1F_1 即达 80%。属高原籼稻胞质，粳稻核材料。

籼 × 籼，籼 × 粳出现许多新不育材料。

1972. 7. 22.

营口县水稻不育系研究小组会议，
要 农科等汇报 一天不影响。

72年花高度不育材料上收
了一些 继续实种 。

两季在我毕指行光积发
大，时间发长，壳到3钟头，
代以水数，面积发大。会毕
毛坯高产 700 斤，搞 什么 要
7万亩之产 1000斤。产量 要
再上不去了。

去年会毕功灵我不育种
早就 以多毕。 搞 田 不 同 组

说了，进到好看，今年5月成熟，
6月又接3叶，总之大环境好
起来，环境好了可以走低碳化，
走绿色开发。

自然的有12年无我扑巷
的进到了一个不虚。

1972 年 7 月 22 日　营口县水稻不育系研究小组会议

贾：农林管理站——大石桥站。1971 年在高度粳败不育株上收了一点自然结实种子。

两杂在我县推广面积最大，时间最长。尝到了甜头，但以水稻面积最大，全县平均亩产 200 斤，有个公社 7 万亩亩产 1 000 斤，产量至此再上不去了。

去年全县动员发动几千人找不育株，共获得 2 株，借用公园的温室进行培育，今年 5 月成熟，6 月又播了种，鉴定大部分是败育的，恢复的有明显优势，但都不开花。

自选的有 12 株无花粉型的，进行了一百多个测交。

1972、8、在广西

编号	组合	世代	粒收	株收	拚烟
野-01	京引66-01	♀			8.8
"-02	野败× " "	B_2F_1	11		"
"-03	" " × " "	"	14		"
"-4	" " × " "	"	14		"
"-5	" " × 京引66-02	"	8		"
"-6	京引66-02	♀			"
"-7	野败× " "	B_2F_1	16		"
"-8	" " × " "	"	3		"
"-9	" " × " "	"	24		"
"-10	" " × " "	"	19		"
"-11	" " × " "	"	34		"
"-12	广选3784-5	♀			"
"-13	(野败×广)×广-7	B_2F_1	8		"
"-14	广选3784-03	♀			"
"-15	野败× " "	B_2F_1	34		"
"-16	水南-号-4	♀			"
"-17	野败× " "	B_2F_1	5		"

农学院翻秋的特效

日期	F	多样花	P	S	备 注
					♀-1, 低温秋, 有♀S
					♀-2,
					♀-3. 有♀剂N
					♀-3, 要杂
					♀-2, 低温粳, 孽♀
					♀-3, 倾稼
					♀-4,
					♀-5, 低温秋
					♀-6, 低温秋, 无♀S
					尾行7-3.
					♀ 巛 8-1, 乙♀S
					♀行45-1, 可低♀FS

编号	组合	世代	抗螟	村蚊	抽穗
野018	野30-1	合			8.8
″-19	野31-1×″	B₁F₁	6		″
″-20	45号//佳-1	合		铁	″
″-21	选双×″	B₁F₁	23	铁	″
″-22	西洋北进升工-1	合			″
″-23	选双×″	B₁F₁	2		″
″-24	班阳早45-1	合			″
″-25	野双×″	F₁	20		″
″-26	青号32112-3	合			″
″-27	野双×″″-6	F₁	19		″
″-28	宗引177-1	合			″
″-29	(野×合)×″″	F₁	7	4	″
″-30	粳33-1-7	合			″
″-31	野24-5×″	F₁	12		″
″-32	野19-9(6044)	合			″
″-33	野20-3×″	B₂F₁	15		″
″-34	野20-3×野19-8	″	12		″

日期	F	P	S	备注
				穗粒数, 小枝梗 3
				早区行 8-1, 无 PS
				小区成对 ♀
				早区行 8-1, 2 PS
	0、	0	4	早为 F₁ (甲) 四 F₂ᔆ 排
				理论为 PS 排
				野
				罗莱, 干区杂优株
				合上

114

编号	组合	合	世代	授粉	转收	播种
B-035	望育20-1×防19-3	B₂F₁	7			8.8.
"-36	望育14-2(6044-2)	合				"
"-37	望育15-2× "	B₂F₁	16			"
"-38	二九矮白(C矮)	合				"
"-39	中山97(C矮)	合				"
"-40	意优1-3	合				"
"-41	望育矮×京311б	B₁F₂				"
"-42	望育矮×6044	⊘F₂				"
"-43	百日早-1	合				"
"-44	(不×百)⊘F₂,5年×百	B₁F₁				"
"-45	望育20-1×百日早-1	F₁				"
"-051	始穗倒穗	合				9.7
"-052	(望育×京)×始穗× "	B₁F₁		6		"
"-053	这8号望育-1	合				"
"-054	(望育×京×始)× "	⊘定F₁		7		"

蜜期	F.	P	S	备注
				小株
				小株，后可有♀S
				记私17于 他吃5莫种子 $F_1 = N$.
				陶代四3、 姿到.
				以下均免去 翻秋5�8.

编号	化 合	形状	量	日期
珍-055	草珍 3-1	合		9.7.
"-56	(珍×京×母珍)× "	珍心 F₁	3	"
"-57	青延 34-1	合		"
"-58	(珍×京×母珍)× "	珍心 F₁	5	"
"-59	北京 17号-1	合		"
"-60	(珍×京×母珍)× "	珍心 F₁	2	"
"-61	614,7-1	合		"
"-62	(珍×京×母珍)× "	珍心 F₁	1	"

班邵	F	34ų P	S	备注

1972年8月 在广西农学院翻秋的野败记录

编号	组合	世代	粒数	株数	播期	穗期	孕性 F	P	S	备注
野-01	京引66-01	♂			8月8日					
野-02	野败×京引66-01	B_2F_2	11		8月8日					♀-1, 倾籼, 有♀S
野-03	野败×京引66-01	B_2F_2	14		8月8日					♀-2
野-04	野败×京引66-01	B_2F_2	14		8月8日					♀-3, 有个别N
野-05	野败×京引66-02	B_2F_2	8		8月8日					♀-3, 罗杂
野-06	京引66-02	♂			8月8日					
野-07	野败×京引66-02	B_2F_1	16		8月8日					♀-2, 倾粳, 黎杂
野-08	野败×京引66-02	B_2F_1	3		8月8日					♀-3, 倾粳
野-09	野败×京引66-02	B_2F_1	24		8月8日					♀-4
野-10	野败×京引66-02	B_2F_1	19		8月8日					♀-5, 倾籼
野-11	野败×京引66-02	B_2F_1	34		8月8日					♀-6, 倾籼, 无♀S
野-12	广矮3784-5	♂			8月8日					

（续表1）

编号	组合	世代	粒数	株数	播期	穗期	孕性 F	孕性 P	孕性 S	备注
野-13	（野败×广）×广-7	B₂F₁	8		8月8日					
野-14	广矮3784-03	♂			8月8日					原野7-3
野-15	野败×广矮3784-03	B₂F₁	34		8月8日					♀原野8-1，无♀S
野-16	二九南一号-4	♂			8月8日					
野-17	野败×二九南一号-4	B₂F₁	5		8月8日					♀野45-1，可能♀S
野-18	野30-1	♂			8月8日					为籼稻，非日粳-3
野-19	野31-1×野30-1	B₁F₁	6		8月8日					
野-20	始穗创糯-1	♂		缺	8月8日					
野-21	野败×始穗创糯-1	B₁F₁	23	缺	8月8日					
野-22	西洋引进种I-1	♂			8月8日					
野-23	野败×西洋引进种I-1	B₁F₁	2		8月8日					
野-24	湘矮早4号-1	♂			8月8日					
野-25	野败×湘矮早4号-1	F₁	20		8月8日					♀原野8-1，无♀S

(续表2)

编号	组合	世代	粒数	株数	播期	穗期	孕性			备注
							F	P	S	
野-26	长紫 32112-3	♂								非原成对♂
野-27	野败×长紫 32112-6	F_1	19		8月8日					♀原野8-1，无♀S
野-28	京引 177-1	♂			8月8日					
野-29	（野×合）×京引 177-1	F_1	7	4	8月8日		0	0	4	♀为 F_1（P）⊗F_2S 株
野-30	粳 33-1-7	♂			8月8日					可能为 PS 株
野-31	野 24-5×粳 33-1-7	F_1	12		8月8日					罗杂
野-32	野 19-9（6044）	♂			8月8日					
野-33	野 20-3×野 19-9（6044）	B_2F_1	15		8月8日					罗杂，♀原为最优株
野-34	野 20-3×野 19-8	B_2F_1	12		8月8日					同上
野-35	野 20-1×野 19-3	B_2F_1	7		8月8日					张杂
野-36	野 14-2（6044-2）	♂			8月8日					
野-37	野 15-2×野 14-2（6044-2）	B_2F_1	16		8月8日					张杂，原♀有♀S
野-38	二九矮（萍）	♂			8月8日					
野-39	中山 97（萍）	♂			8月8日					

（续表 3）

编号	组合	世代	粒数	株数	播期	穗期	孕性 F	孕性 P	孕性 S	备注
野-40	常付 1-3	♂			8 月 8 日					珍籼? 号
野-41	野败 × 京引 66	B₁F₂			8 月 8 日					自然结实种子
野-42	野败 ×6044	⊗F₂			8 月 8 日					F₁-N
野-43	百日早-1	♂			8 月 8 日					
野-44	（不×百）⊗F₂，S 株×百	B₁F₁			8 月 8 日					隔代回交
野-45	野 22-1× 百日早-1	F₁			8 月 8 日					罗杂
野-51	始号创糯	♂			9 月 7 日					以下为海南翻秋组合
野-52	[（野 × 京）× 始]× 始号创糯	B₁F₁		6	9 月 7 日					
野-53	原子能 1 号-1	♂			9 月 7 日					
野-54	（野 × 京 × 始）× 原子能 1 号-1	回交 F₁		7	9 月 7 日					
野-55	早库 3-1	♂			9 月 7 日					
野-56	（野 × 京 × 始）× 早库 3-1	回交 F	3		9 月 7 日					

122

（续表4）

编号	组合	世代	粒数	株数	播期	穗期	孕性			备注
							F	P	S	
野-57	青丝34-1	♂			9月7日					
野-58	（野×京×始）×青丝34-1	回交F₁	5		9月7日					
野-59	牡丹江7号-1	♂			9月7日					
野-60	（野×京×始）×牡丹江7号-1	回交F₁	2		9月7日					
野-61	61417-1	♂			9月7日					
野-62	（野×京×始）×61417-1	回交F₁	1		9月7日					

1972.9.7.

小组向院党委汇报：

李政委指示：

1. 坚定信念。

2、在大会前召开个小型座谈会——10月上旬。

谈些设想、布置些任务。

3、在会上不许写个人的要求和意见。

4、关于物质设备，如有的问题已解决，如仍需的还差可以个别向党[illegible]提，年后需带的经费

1972 年 9 月 7 日　小组向党委汇报

李政委指示：

1. 坚定信念。

2. 在大会前召开一个小型座谈会——10 月上旬，谈些设想、布置些任务。

3. 在会上不保留，但要实事求是。

4. 关于物质设备，如有的自己调整解决，如必需的还是可以购置，总之，本着节约的原则。

1972.10.16.

全国水稻不育系研究协作会的
省座谈会（预备性会议）上何院长
的讲话.

瑞典：
制 C×京引13、比来、苏粳等5个
合计 16行左右.

68899 — 452株 57株
无花�&粉. 杂种二代稻
株率（比型）达60%.

广州：政治峰塔 ⊗ F₂ S株×京引66
F₁ 198株 178 S.

湖北：电照对针毛壳杂种 8号院记载
初株. ⊗ F₁ 不育株 70%. ⊕ F₁
上升到 82%.

1972 年 10 月 16 日　全国水稻不育系研究协作会的省座谈会（预备性会议）上何院长的讲话

黔阳：制 C× 意 B，化丰、苗棕等组合得 16 斤子$_1$ 种子。

68-899——452 株，S7 株无花粉型，最好的一对不育株率（无型）达 60%。

湘潭：败选锋 1 号⊗ F$_2$ S 株 × 京引 66，F$_1$ 198 株 178S。

湘乡：辐射处理的湘粳 8 号出现败育株，⊗ F$_1$ 不育株 70%，上升到 82%。

零陵：S × 籼，104 对出现 25 对籼粳杂种。

衡阳：远距离，南特占 × 日本粘等 2 个组合的⊗ F$_2$ 出现高 S 株，败育型。

益阳：野生稻 × 栽培稻

子$_1$ 12 株，籼、粳各 1 株高不育。

不 ×（高 × 珍）子$_1$ 2 株 S（无型）。

BF$_1$ 37 株，32 株 S。

华容：辐射处理的 S 株，有一个组合的 F$_1$ 仅一株为典败，杂交可获得完全的结实。

1972.10.22.

吉林12农科所反映:

秦田2号(千粒) × 片英1号(项)

F_1 变异株,结实正常、80%以上

辽宁农科院报.

科6 × 科3   91.2%
     农垦19   × 科6   的结实高,优势强.
                  83.5%

河北农科所主:

此种不育材料不稳定 怎么办?
女走此路.

福建如那主:

东乡 × 小半数 F_1 结实正常

1972 年 10 月 22 日

黑龙江农科所反映：

泰国 2 号（籼）× 新典 1 号（粳）

F_1 有 2 株，结实正常，90% 以上。

辽林农科院杨 [1]：

　　　科 3　　91.2%

科 6 ×　　　　的结实率高，优势强

　　　农垦 19 83.5%

河北农垦所王：

湖南不育材料不稳定，怎么办？要走新路。

福建杨聚宝：

籼 × 小米稻，F_1 结实正常

[1] "科 6" 分别与 "科 3" 和 "农垦 19" 杂交的结实率高，优势强。"科 6" × "科 3" 结实率为 91.2%，"科 6" × "农垦 19" 结实率为 83.5%。

130

1972.10.23.

云南省：高压轮发（　　　）...
云南已... 有...变力. 5号亮可达 30~40,
另外一些可达 50~60以上%.

...进攻：
　　... 金种... 敏坛 60一代号.
　　特 2X × √20　F, 金攻. B.F. 一样可
亮及争败育.

浙12叶：
　　科4号 3号 ... 亮达 95%.

云南捏银亮：
　　175（台湾联粒）× 大白号号
　　... 天然率都有一样传递达
　　70~80%.

1972年10月23日

　　云南李：高原籼稻（峨山大白谷）对云南不育系有恢复力，结实可达 30~40〔％〕，另外一些可达 50~60 以上 ％。

　　福建蔡：

　　有的杂种穗粒数增加一倍。

　　野败 ×V20，F_1 全败，B_1F_1 一株可育，其余败育。

　　浙江叶：

　　科情 3 号第 7 代的不育率达 95%。

　　云南程侃声：

　　175（台湾型粳）× 大白吊谷的天然杂种有一株结实达 70~80%。

√ 72.10.24. 范文奎

又对人际任持方的……可能
在托曼麦书信发因.

这以礼会、电阻体×民品种
的F, 对和无规1a, 为1a
代……高(号1), 上述以及
说使成立.

72.10.25.
范文奎发言:

一、水较低平均优势
优势在正义, 级低依标不食险
……状态多喜欢……而被困境, 因
……优势仅有……芝薯. ……

适伊了的角度来看，他从新种角度
看，也就没优良的种含。比每花儿
物性上低产大。较之产了细儿法。
同时女与幸殖前种相配合。所
以幸殖前种是说定低了的。

二、李优利用是今后的设发展
方向；在右最近纸打弦和山标。
体培系的不宜王~~~~~发动区纸
搞。

三、连绖
　1、找不育细胞质。

　2、""……''——

　3、其文连绖。（如C型连多）
父田车亲系关径含运，半甲种

向领，什么都就没不好，反
之就比较固化，化多成到
4极复杂。

　　你也完全的不管，这以发展事
的那种顶就造不管的，用优
高等让你要父亲而二个固等：项言
核不够，极机辛劳会我长吃一点

　　程促声：
　　当前的问题还这可我那
核顶传令的保持率。
　　一、打择以乱种规方为，加正及久
研美乐，则付高下玄，其写作亲惩
赏到材料。对互化处稿正级两

稿的回来，以进一步的充实、修
改论网，另外也说室还差
什么味料。

问题：1.现在搞材料究竟走
一个老网还是在许多号。2.不
高地受现这种网，在异地种，
复在本地是否种不高？3.所
不高的出到一些什么网的种把

二、我对类雙和杂杂笑译
所请私改中问题是不存
在的，只是没有些品种些有
问性状。

粒形、粒色、未加裢味的青色

叶毛、石茨硬、反无等5个地区为主

全国李都就能运到和粮。

云南品种特多宜：①粒中至, 占

40%。②粒、香那占5/4。③老香至。

④陆粳米（去上至老香）⑤粘和和，

而无米粮。

敌敌说，香仁而甘香，特别是粘米粘

而甘香，至西北、东北品种尔多尼。

华中、太湖、西北、东北组

粒粳，看至不同的基础

俞履忻：

中国粳稻文。不核蛋白 19.69~98.70%。

⋯⋯ 印色和文。—— 17.46~67.16%

印人培育七叔{ 23个种.

日人. 　　　　{ 21 …

我国 的三种: 大丰之叔. 南阳种. 普通种.

1, 开远矮糯 × 习台

　正交 F_1 结实率 68.1%.

　反：" 　 — 80.31%

2, 芝粳 (Kinan)(粳) × 鼠牙

　　　　　(印?)

F_1 88.95%.

　　　　　× 胳石

8・2.19

　　　　　× Dacca №4
　　　　　Surjamukhi
80.46

3. 台南红壳（粳、云南）

　　× 兰花加尔坦（Rasca Dam,

82.54%

4. 菲律宾粒良 × Rasca Dam.

　　正交: 71.39%, 反交: 78.60%t

5. 彰吻香洒谷（四川）× Rasca Dam

84.28%.

6. AH29-380（中国）× T.18

　　正交: 80.36%　反交: 82.14%

7. 彰吻红坤谷（四川）× T.18

　　反交: 81.24%

1972 年 10 月 24—25 日

1972 年 10 月 24 日

鲍文奎

对籼无有部分保持力的品种可能存在着复等位基因。

证明方法：用 P 保 × N 品种的 F_1，对籼无测交，若后代有孕性分离（呈 1 ∶ 1），上述假说便成立。

1972 年 10 月 25 日

鲍文奎发言：

一、水稻的杂种优势

优势有正负，自交作物不良隐性性状容易表现出来而被淘汰，因此优势没有那么显著。这是从遗传学的角度来看。从育种角度看，要获得优良的组合，比异花作物的工作量大，故应广泛测交，同时要与常规育种相配合，所以常规育种是设定没了的。

二、杂优利用是今后的主要发展方向，应有长远的打算和目标，保持系多的不育系不利于发动群众搞。

三、途径

1. 找不育细胞质。

2. 找不育细胞质。

3. 其它途径（如 C 系统等）。

父母本亲缘关系愈远，采用种间杂交法容易获得不育系，反之就比较困难，但易找到恢复系。

自然突变的不育，说明它原来的细胞质就是不育的，用测交筛选法要父本有二个因素：质育核不育，故机率为合成法的 $\left(\dfrac{1}{n}\right)^2$。

程侃声：

当前的问题是没有找到核质结合的保持系。

一、打算以籼粳交为〔主〕，如正反交有差异，则搞下去，其余作常规育种材料。对后代也搞正反两方面的回交，以进一步研究核质的作用，此外也让它自交并作姊妹交。

问题：1. 现在的不育材料究竟是一个基因还是有许多号。2. 不育性受环境影响，在异地恢复在本地是否仍不育？3. 部分不育遇到一些什么问题的情况。

二、稻种类型和互相关系

所谓籼粳中间型是不存在的，只能说有些品种具有中间性状。

粒型、稃毛、抽穗时的壳色、叶毛、碳酸反应等 5 个性状综合起来看就能区别籼、粳。

云南品种的特点：①红米多，占 40%。②糯、香米多，占 1/4。③光壳多。④陆稻多（并且多光壳）。⑤有早籼，而无早粳。

感光、感温、喜温耐寒，特别是抽穗期耐寒为西北、东北品种所莫及。

华南、太湖、西北、东北的粳稻，看来是不同的类型。

俞履圻：

中国粳籼交不实率 19.69～98.70%。

中国粳、印、巴籼交不实率 17.46～67.16%。印人将野生稻分 23 个种，日人将野生稻分 21 个种。

我国有三种：大粒稻、药用种、普通种。

1. 开远矮糯 × 雪谷

正交 F_1　结实率 68.1%

反交 F_1　结实率 80.31%

2. 克能（Kinan）（粳）（印？）× 鼠牙

F_1 88.95%

　　　　　× 锦谷

82.19〔%〕

　　　　　×Dacca No.4 Suyamukhi

80.46〔%〕

3. 鲁甸红谷（粳、云南）

× 兰斯加·台姆（Rasca Dam）

82.54%

4. 菲律宾糯稻 × Rasca Dam

正交 71.39%，反交 78.60%

5. 彰晚香酒谷（四川）× Rasca Dam

84.28%

6. AH29-380（外国）× T.18

正交：80.36%　反交：82.14%

7. 彰晚云南谷（四川）× T.18

反交：81.24%

1972.10.28.晚

中国农林科院代住麦讲话.

赴罗马尼亚、南斯拉夫、塞世亚
考住见闻.

政治上本问存异, 不元不争, 不大
国沙文政.

技术上详真引用

南斯拉夫, 农世人口45/100.
耕地面积. 1亿14千万亩. 每
人平均 5.5亩. 三种所有制,
个体经济占80%. 国营在场
是联营血世. 合作社差不
善的小型联合血世. 合作农乡
法律规定不均走3过10公顷, 一
般有5~6公顷.

绿与民兵。农村人口占60%，农业
人口占50%。耕地1亿446百万亩。
平均每人7.2亩。农业人口平均14.6亩
1亿农业场和合作社免左右所
有制。4.6%为全体经营——土
地面积占4.6%。

拖拉机2万94千台。

71年粮228901亿斤，肉类137万吨。每
人平均134个。奶人年190公升。纸
层人年191个。牛5030万头，猪
7304万头。22个农场养650万头。
（上过在农场私人养的），羊1400
万头。纸64千万头。

养鸡工人以产什的进工人的。每

人每年产值达布11万元.

2.2—2.5 乙介人进饲料喂1公斤鸡.

3.5—4.5 …… — — …… —猪

6 …… — ……牛

卵卵细平均年产286个,品产

一年.

经验: 1.种好鬼. 2.防疫.

在农作物方面也还是提高单产,

因此也在大力提高质量.

于1.8万亩地.21个人.40

乙顷葡萄。人平纯收入1万多布.

1972 年 10 月 28 日晚　中国农林科院任组长讲话

赴罗马尼亚、南斯拉夫进行农业考察的见闻。

政治上求同存异，不亢不卑，不大国沙文主义。

技术上洋为中用

南斯拉夫：农业人口 45/100。耕地面积 1 亿 1 千多万么〔亩〕。每人平均 5.5 亩。三种所有制，个体经济占 80%。国营农场是联合企业。合作社是不完善的小型联合企业。个体农户法律规定不得超过 10 公顷，一般为 5~6 公顷。

罗马尼亚：农村人口占 60%，农业人口占 50%，耕地 1 亿 4 千 6 百万亩。平均每人 7.2 亩。农业人口平均 14.6 亩。国营农场和合作社是基本所有制。4.6% 为个体经济——土地面积占 4.6%。

拖拉机 2 万 9 千多台。

1971 年产粮 2 百 90 亿斤，肉类 137 万吨，每人平均 134 斤，奶人平 190 公升[①]，鸡蛋人平 191 个，牛 5 百 20 万头，猪 7 百七十万头。22 个农场养 650 万头（上述不包括私人养的），羊 1 400 万头，鸡 6 千多万〔只〕。养鸡工人的产值超过工业工人的。每人每年产值达人民币 11 万元。

2.2~2.5 公斤[②] 人造饲料换 1 公斤鸡〔肉〕。

3.5~4.5 公斤人造饲料换 1 公斤猪〔肉〕。

6 公斤人造饲料换 1 公斤牛〔肉〕。

卵用鸡平均年产 286 个〔鸡蛋〕，只产一年。

经验：1. 种要纯。2. 防疫。在农作物方面主要还是提高单产，同时也在大力提高质量。

1.8 万亩地，21 个人，40 公顷葡萄。人平纯收入 1 万多币。

① 公升：容量单位，升的旧称。
② 公斤：千克。

146

1972.11.10. 晚

与广西农科院遗传科报告会

座谈

1. 如何找杂交种？有无捷经

2. 通过遗传学的控制，使双
亲优良性状集中于后代

① 几个数量性状的基因能否集
  株高、穗大
  穗粒数
  粒重（大小、多少）
  生育日
  株型——叶片角度、夹角、宽窄
  抗病性
  晚生性
② 怎样使我过信春田
  怎样使杂种里使杂优
  怎么性状女我春生信春田
  （如株高状阻、穗中间株的）

越多表现示的竞质和起名等.

3、杂种优势的予定以.1——4生为
信度的判定、和坡生卒
种培立3一些举改结字.

xx: 1. Fz 的和用
2. 纯系体的和用　　　　〉金差综合.
3. 人工引变.

148

1. 汇报这几年的工作先
2. 对南宁翻阅的资料情
   况和所表示.
3. 海南表情和生产队也在
   所表示——如能小豆用.
4. 怎想宣传如何进行.
5. 也有宣传它写过.这看到
6. 到资料.
   琼：教材、秦、有立、化
   黎：有风、立、反.
   苗：有国
7. 在古地方养知青的经书.
8. 是经文化宣传.

9、大玻璃瓶袋. 1羊皮纸.

10. 种子袋.

11、替甲乙的远红外灯.

~~12、120四光~~

13、女混做秀16型"喷雾器
"喷咀, 小的菜种子.

1972 年 11 月 10 日晚　与广西农学院遗传育种教研组座谈

1. 如何找恢复系？有无捷径？

2. 通过遗传学的控制，双亲优良性状集中于子$_1$杂种。

①几个主要性状的显隐性关系

株高、穗数

穗粒数

粒重（大小、长宽）

生育期

株型——叶片角度、长短、宽窄

抗病性

脱粒性

②特别是找复等位基因。如果优性是隐性就要找复等位基因（如株高就有子$_1$为中间亲的）。

③超亲现象的实质和规律。

3. 杂种优势的预测——生活力强度的测定，籼粳交杂种指出了一些参考线索。

××：1. F$_2$ 的利用

2. 三倍体的利用　　　全是谬论

3. 人工引变

1. 汇报这里的情况

2. 对南方翻秋的支持应有所表示。

3. 海南丰治和生产队也应有所表示——如韶山画册。

4. 思想总结如何进行。

5. 业务总结已写过，是否行。

6. 学习资料。

　　黎：有宣、国。

　　罗：有国、宣、反。

　　吴：有国。

7. 在当地培养知青的经费问题。

8. 显微镜问题。

9. 大玻璃袋、洋皮纸。

10. 种子袋。

11. 告李尹元的通讯处。

12. 要张健寄 16 型喷雾器喷嘴、小白菜种子。

年度总结

单位总结：批斗表现、两条路线
斗争的学习、体会、经验、提高。

个人总结："、"、"、"

从工作、劳动及业务方面进引。

以总结成绩为主。在此基础上
搞好以年代计划。

小给又扮立以在肯定了成绩
表扬以基础庆、怠、陪一去。

1972 年　年度总结

单位总结：批林整风、两条路线、斗争的学习体会、经验、提高。

个人总结：体会、经验、提高

从工作、劳动及业务方面进行，以总结成绩为主，在此基础上搞好明年的计划。

小组对外出同志肯定了成绩，表扬了黎垣庆、袁、陈一吾。

1973.2.14. 汇报向毛主席。

西农子院培养走狗：

1. 中央是怎样平有说的。

2. 各省的情志和组织试

3. 目前发展情况。

广西农院定李六亭付毛化。

这次主要是取经的，广

西在不脱产研究方面走落在

后向级，认为是思想上的认识

不够，去年高主到介入这么日

程，今年才开始走走。这次

展，回去向区委会汇报，

争取到介入这么日程。

邀请你介今年秋再到我

院里。

南优的同志第一次向院里写
信，先进单位到列。第二次也搞好
群众关係，把所在生产队的有
关2干小组带起来，种好"三田"。

1973 年 2 月 14 日　荔枝沟火车站会议

<u>广西农学院张先程：</u>

1. 中央是怎样重视的。

2. 各省的动态和组织形式。

3. 目前发展情况。

<u>广西农学院李六亭副主任：</u>

这次来主要是取经的，广西在不育系研究方面是落在后面的，主要是思想上的认识不够，去年尚未列入议事日程，今年才开始走。这次来看看，回去向区党委汇报，争取列入议事日程。

邀请你们今年秋再到我院来。

南繁的同志第一要向兄弟单位、先进单位学习，第二要搞好群众关系，把所在生产队的科研小组带起来，种好"三田"。

1973. 第一季计划

1. 主要材料
   ① 京引66　2万平方　　　2.3玉5玉5.
2人、② 二九南一号 1.5平方　如此—2.26.

2. 候备四只材料
   ① 翠大粒 B2　5平方　　　2.22.

   ② 京引177　150平方　　3.1—5

   ③ 付57—1　　　"　"　　　"　"

   ④ 好字洞矮　　"　"　　3.6—10

   ⑤ 矮脚佳 1号 1.54平方　3.6—10

   ⑥ 玉五矮1号 B3 1.54平方　4.10.

   ⑦ 鸣风　56平方　　　2.20.

   ⑧ 京引

⑨ 生利

⑩ 郑杂

⑪ 巴利托　　　　　　3.10,

⑫ 北京5号　　　　　3.8,

⑬ 白玉58玉　　　　　3.15

⑭ 佳4-1　　　　　　3.15、

3. 种鸭回交材料

① 排纽平4号 B2

② 郑州号　　　　　　2.25、

③ 57牡　　　　　　3.15、

④ 68-899 B1　　　　2.28、

⑤ 赣布卷9号　　　　　　3, 上,

⑥ ZR-ZO

⑦ daulectrion

⑧ 青付

⑨ 二九桂早, 150斤,

⑩ 起7号

⑪ 红矮1号　　　　　　　2, 下,

⑫ 班禄占米.

四、杂交材料

1, 二九南x 建15年 100斤 2,下,

2,　　　　　x 桂阳Z

3. 2t5q × 691.

4. 〃 × 4244 5.

5. 〃 × {1—1 (10株)
100株至

6. 〃 × {1—2 〃

7. 〃 × {1—3 〃

⊗. 〃 × {1—6 〃

9.

1973 年　第一季计划

1. 重点材料

①京引 66　2 万粒　2 月 25 日—3 月 5 日　2 人

②二九南一号　1.5 千粒　2 月 18 日—2 月 26 日

2. 粳稻回交材料

①早大糯 B_2　5 百粒　2 月 22 日

②京引 177　150 粒　3 月 1—5 日

③付 5-1　150 粒　3 月 1—5 日

④始穹创糯　150 粒　3 月 6—10 日

⑤矮盘锦　1.5 千粒　3 月 6—10 日

⑥原子能 1 号 B_3　1.5 千粒　4 月 10 日

⑦鸣风　56 粒　2 月 20 日

⑧京引

⑨中引

⑩杨糯

⑪巴利拉　　　　　　3 月 10 日

⑫北京 5 号　　　　　3 月 8 日

⑬农垦 58 选　　　　　3 月 15 日

⑭付 4-1　　　　　　3 月 15 日

3. 籼稻回交材料

①湘矮早 4 号 B_2

②朝阳一号　　　　　2 月 25 日

③57 糯　　　　　　3 月 15 日

④68-899 B_1　　　　2 月 28 日

⑤赣南早 9 号　　　　3 月上旬

⑥IR-20

⑦Lonlection

⑧常付

⑨二九矮　150 粒

⑩古巴 7 号

⑪新农 1 号　　　　　　　　　2 月下旬

⑫玻璃占矮

4. 恢复材料

①二九南 × 继源早　100 粒　　　2 月下旬

②二九南 × 恢-2

③二九南 ×691

④二九南 × 科情号

⑤二九南 × 分-1（10 株、100 粒）

⑥二九南 × 分-2（10 株、100 粒）

⑦二九南 × 分-3（10 株、100 粒）

⑧二九南 × 分-6（10 株、100 粒）

1973.3.22.

一、落纱供应资材料

1. 毛主1号

2. 意以×春小金 的选系.

3. 珍样早.

4. 6044.

5. 超6号.

6. 春小金×黛B.

二、改组兵团

粳批、春败 B_5、B_6 有
95%的不育. 5%的可育成
还不育. ①N种籽的 F_2
的可育与S 有关系.

2005，此享8号

私晃×私的研2丁的料
和特改录：1.7丰丰动
光际稿全至荐，3丰丰隆，
4饭复。
辈说83对待足上有1复嶷
到此：高记和、

二．上海
1.1.享×栽，陆先什始加台
此西4饭复，红宝×享3159
b3F，22挎鬼数、12幸如到此。

S2元×农民 B3F，84捆，学
花料50%。化肥80%。水平
捆不变。花肥5元以经无要
水加工。

2. 生捆扎。说以收到 B5。每代都
要记一些 S捆，让到下一代都
顶用�。

3. 将扎×收 右至部依大要。
其中生捆4元二代都收8要。
无年4元以生死。

3. 将颈扎中年
无要意信，电成了以5%。

7. 水家生私放田用元

BF系，淳曲蕎苗、徐1在
好研究，宜临坳弓在外自
よ结美1-3％。

2、1折12
稻时选育记事以84卷2.

1. S转云以芳军3所偷1.2％.
高于放到实变率。

2. 选化4卷2.

3. 遗传4卷2. 多州季的战3.
高转自州从3 一以1以、好年好
亏啲及际传好四よ妇。

六、江西莲乡

下一步打算：

1、将其（二九矢定书）及高校复学
的说法：

比较3000年毕生，镇合诣
全费位香矢回以对手。保平的
回以任代在50诣私会。

还择费收和布回晓诣香。
一生进剂、吸、对到此。

2、古早种毯左近，郴出行邦，
伐汤和如。适古距话离，这其
近好此。、接远在种扰
方式�‥话记室郴印向题。

×、

广西：
1. 珍(广)×河粳迟培农
F₁, 4株在补七.

2. 珍(67)×科情32 (选的691)
故之4低复力.

3. 珍(京)×科情6-2
·65% 放在以低株挑.

4. 珍(京)×印度籼.
故之4低复力.

八、0川4群报告
·临时对记的种我5株籼
659(预) F₁, 5株多人.

九、贵州 先廣
I R 20 × Codynight

七、18105

十一、赣州比電影

C × 字31175

F, 加林芬結ENT

1973 年 3 月 22 日

一、萍乡的恢复材料

1. 丰产 1 号

2. 意 B × 青小金的选系

3. 珍珠早

4.6044

5. 青冬 6 号

6. 青小金 × 意 B

二、新疆兵团

杜、蔡败 B_5、B_6 有 95% 的不育，5% 可育或部分不育。N 株的 $\otimes F_2$ 的可育株与 S 株杂交 37 对中有 3 对全恢，2 对全保。

300 多个测交品种只有 10 多个全恢，以杜败 × 米泉光头优势强。今年制种量可种 15 亩。

野败 × 粳稻 100 多个品种，已发现 5 个有恢复力，以新疆早稻最好，11 株 F_1 结实率均正常。□□□多与低世代不育株和高世代不育株测交的恢复力不同，前低后高。

2005，北京 8 号

籼无 × 籼的 $\otimes F_2$ 可育株和野败杂交：17 株杂种大部分结实正常，3 株部分恢复。

察旗 83 对野败有镶嵌育性分离现象。

三、上海

1. 野 × 栽：随回交世代增加育性逐〔渐〕恢复，红芒 × 京引 59 B_3F_1 22 株典型，12 株 20-30N。

红芒 × 农垦：B_3F_1 84 株，染色花粉 50%，但自交 80% 以〔上〕的株不实，花粉经试验无受粉能力。

2. 籼粳交：现做到 B_5，每代都出现一些 S 株，但到下一代就有反复。

3. 野败 × 粳：基本都保持，其中农垦 4 号二代都保持，无单性明优现象。

3. 张颖材料

可以遗传，成 3：1 分离。

四、北京作物所

BF 至 5，属典败型，个别花药开裂，有的有少量花粉，自交结实 1~3%。

五、浙江

辐射选育三系的情况。

1. S 株出现频率 3 万伦〔琴〕1.2%，高于有利突变率。

2. 退化情况。

3. 遗传情况。与湖南自然不育株相似——测交、姊妹交及部分保持的回交等。

六、江西萍乡

下一步打算：

1. 野败（二九矮 4 号）搞恢复系的测交：

镜检 3 000 多株，全像♂的全典作重点回交对象。像♀的回交后代有 50〔%〕的像♂。

选择典败和有圆败的各一株进行回交对比。

2. ♂♀种植太近，自然传粉反而不好，距离适当远点还好些。∴其实还从种植方式等方面观察制种问题。

七、广西

1. 野（广）× 阿根庭〔廷〕粳稻

F_1 4 株花粉七。

2. 野（6）× 科系 32（选自 691）

有一定恢复力。

3. 野（京）× 科系 6-2

65% 花药 N，但花药不裂。

4. 野（京）× 印度糯

有一定恢复力。

八、四川情报局

辐射处理的籼稻 S 株 ×659（粳）F_1 结实 N。

九、贵州老廖

IR20×cody wight

十、湖北

十一、赣州地区所

C×京引 175

F_1 有优势，结实正常。

174

1973.5.16.（于303房间里）

：利用杂交种子的计划.

一、直接法.

　　1、品种 × 粳4优 —— 8个组合.

　　2、4字粳 × 粳4优 —— 10……

二、间接法,

　　1、……下，结实正常的
　　　雄蒡组合，发现：（籍p试验）

　　　① 446 × 科×杭3号
　　　② —— × 农垦19号
　　　③ II220 × Cody wright
　　　④ 印度雄蒡 × 65-59

⑤ C × 京引175

⑥ 辐射8号 × 94 中熟3号.

次女组 (只育成)

① C × 莠文.

② 吃窝熟C1 × 94 中熟3号.

③ 朱玲粘粳 × …… .

2. 北繁上引0.0种的育成
　　也还不错.

3. 北繁上引0.0种导入水保
　　良图子

① 粒数要达1~2个 甬粒头

麦芽化验.

② 用 F_1 板复捡伤 ☒ 早

临桂计划喉号

4 — 3,　　　　　西辐 × 吉 7050

5 — 5,　　　　　沙辐 A × 1064

6 — 1　　　　　京17 A × 北辐 8号

7 — 6　　　　　京17 A × 846

8 — 5　　　　　cody wight

1973 年 5 月 16 日　利用籼粳杂交的计划（于 303 列车上）

一、直接法

1. 野籼 × 粳恢——8 个组合

2. 野粳 × 籼恢——10 个组合

二、间接法

1. F_1 结实正常的重点组合之复测：（搞正反交）

①科 6× 科情 3 号

②科 6× 农垦 19 号

③IR20×cody wight

④F_5 穗矮 ×6559

⑤C× 京引 175

⑥若正反交有差异，则与胞质有关。

矮子占 × 科情 3 号

次要组合（只正交）

①C× 荣光

②观音籼 × 科情 3 号

③矮占系统 × 科情 3 号

2. 将上列品种转育成野败不育系。

3. 将上列品种导入恢复因子。

①籼粳稻各选 1~2 重点恢复系，作♂。

②用 F_1 恢复株作♀。

暗室处理顺序：

4-3	7050
5-5	二九南 A×104
6-1	京 17A× 北京 8 号
7-6	京 17A× 科 6
8-5	cody wight

1973.6.26. 遗传所 404 组
与王培田同志座谈

春麦从 T808 中选出一批较高产
404 麦系，倚主要在北京与其他的种
排去 72 年定型，群体 S12 株到
12 不株。（17 不株 结实 > 96.5%,
有 9 不, 结实 率 85%）

$$T808 = T. × 比优2号 × 78包27$$

B₃.

T 优2号是 65 年从□引入的，
繁殖从 67 年选育，到 71 年即基本上
定了。

……□ 6. 7 等 40 种, 材料一部
404 麦系, 现在 已经 稳定不经, 增产
其引 自 40 种, 基本 保存 在 404 麦系

能力和供应发生矛盾。

控制４顶参数四固 布
５个，在不同的浓度作１。成年
超个参数至少要３个米多大头
４顶发生长。适个数又尤甚
美怀。高望也有巧方法，如
３１９７Ａ×陸已８，兰布会不看，比
空户，去级财为牟上长度。

小麦不能型好说１可南还
京生吴，不能栽培方吏６４０个
１可北北栽１可吴绘吴走６０％以上。
美国５个州至地达６８％。

BT 系的 4 项表现比农民

代表团又先考虑防它 70% 的占。

　　　遗传所级的打算.

1、利用和改造 BT 系.

2、派出起骨坚改进人.

3、

　　　这种性意义的话法.

大概 44 不有的决定当代抹

苯胺杂酚茶素乙 出大造纪的

势的发展.

1、主要发现: 即细化顶无差

异, 实际上 花 万年细

已知某高等等人工诱变把
可能→不育，由此，外性子也是
可能的。

实验杂稿成立一种质诱变的
好办法，八连育本

另外，正连四十筛选也是可以
成功的年轻的

从本道德，以这美不私有
设定。

2. 原群

用诱变在因体表萌以
中坚，化做复为怎样，当无
类似证据。

3、杂交工作——杂交授粉.

顾和杂的不协调关不止
一个，因要4恢复状态比较困难。
∴ 放好杂 F_1 定可育要的.

× × ×

毛望，误释，好断的不对
细胞顶可附着——挪动，故可
① 用 BT 的 4 恢复多辛以 1 好败
②⑳ 细胞名规芜和权 ③ BT
4恢复复×狚取4恢复复复②
晚弱辛协交.

1973 年 6 月 26 日　遗传所 404 组与王培田同志座谈

春麦从 T808 中要选出一个和杂交出一个恢复系，结实率在北京与普通品种相当，1972 年定型，群体约几十至几百株（17 个组合结实 > 91.6%，有 9 个，个别低于 85%）。

T808=T×比松 × 马尔奎斯 B$_3$

T 型不育系 1965 年从匈引入，有孕性分离，遗传所从 1967 年选育，到 1971 年即基本上纯了。

前后测 6、7 百个品种，找到一些恢复系，但农艺性状不好，指定进行多品种杂交，综合它们的恢复能力和优良农艺性状。

控制恢复的基因有 5 个，在不同的染色体上，威尔逊提出至少要 3 个才能使之恢复良好。遗〔传〕所的观察类似。高粱也有此现象，如 3197A×锉巴子，黑〔龙江〕省全不育，北京部分，安徽则基本上恢复。

小麦不育系繁殖河南延京〔津〕县点，不育系折合亩产 640 斤。河北北戴河点结实率达 60% 左右，美国 5 个州平均达 69%。

BT 系的恢复系据农民代表团观察到的为 70% 左右。

遗传所的打算：

1. 利用和改造 BT 系。

2. 准备把野败列入。

选育恢复系的设想：

雄性不育的三大类型的分类法，目前看来已不大适应形势的发展。

1. 核型：即细胞质无差异，实质上是不育的。

已知烟草、高粱等，人工诱变把可育→不育。因此，相〔反〕过来也是可能的。

罗斯吉格找到一种质诱变的好办法：链霉素。

另外，通过测交筛选也是可能找到保持系的。

从长远看，以这类不育系最理想。

2. 质型

用诱变基因法来获得恢〔复〕系，但恢复力怎样尚无充分证据。

3. 核质互作——核置换型

质和核的不协调点不止一个，因此要恢复就比较困难。∴最好是 F_1 是可育型的。

包罗、野稻、野败的不育细胞质可能基本上相似，故可：①用 BT 的恢复系来测野败；②印度早熟型籼稻；③BT 恢复系 × 现有恢复能力的品种杂交。

1973. 6. 29.

邓陆同志谈〔...〕

引〔...〕

1. 〔...〕散了，〔...〕
了〔...〕

2. 上海北生所〔...〕

3. 〔...〕临时〔...〕还有〔...〕高。

试问有什么有利形势有了
大？

〔...〕工作〔...〕〔...〕
〔...〕状势

〔...〕
〔...〕——〔...〕
〔...〕。

1973 年 6 月 29 日　师院同志谈沪、江、浙之行的观感

1. 浙江协作组撤了，有些像下马的样子。

2. 上海植生所收了。

3. 南大、南师没有搞。

主要问题是水稻有无优势，有多大？

理论部分的工作主要是搞预测优势。

单细胞育种和细胞杂交的劲头较足——主要搞溶壁酶的研究。

1973. 7. 13.

宁夏农科所 　　王线.

今年成立杂优代, 5人. 搞

小麦和水稻.

7. 17.

正道场道言农味. 小麦等

春麦公社七麦七反大了人海

拔 1400公尺 正立一把九

品种一等级, 亩产 800斤

左右, 可在 7月10号左右成

熟 (3.25. 播种) —— 中罕

1973 年 7 月 13 日、7 月 17 日

1973 年 7 月 13 日

宁夏农科所　　　王德

今年成立杂优组，5 人，搞小麦和水稻。

1973 年 7 月 17 日

通道杨通富反映：城步长安公社横坡大队海拔 1 400 公尺[①] 选出一早熟品种——条根，亩产 800 斤左右，可在 7 月 10 号左右成熟（3 月 25 日播种）——中秆。

---

① 公尺：长度单位，米的旧称。

190

1974.2.9. 静坐1句

与上海师大、沈冗兵团座谈

川省：诚信好×执10

前到5-6代。ū. 创在村·

士40%。收5告竟免大叫·

ā0. 坊力即扬纪如结爻

况在迂冗岛。亥㤚乞4任

贫爭，老淀在达充才王芝了，

话。

社顿火、石村径、1份幼。

ẽlē士

每一代指征某石物观

云云分析夜学世引四这

1974 年 2 月 9 日　与上海师大、新疆兵团座谈

荔枝沟

上海：主要搞野 × 栽，目前到 5~6 代，不育花粉达 90%，自交结实绝大部分为 0，极少部分有很少结实。现在还不知道有无恢复系，现在主要是稳定不育系。

籼、粳交不稳定，波动很大。

这一代指定搜集各省测出的恢复系进行测交。

1974.3.2. 鹿回头. 小组讨论

陈新：吃透12月中下旬培计
数字，吃透过去在这些的定位试
验，如在11月作培计，它之1成
熟个登期29迟上作化，以11
作培计，成个期又在2下、3上的
生1的结果。

早、中叔见小向极大，迟迟意
义不大，早培会迟上作论。

河南：商多说定个好经验。

海南：迟作1色抽穗宁，撒
　　穗22天，面积一28天。

2.5、捡查—50—70%在
邢收前。2.19、捡查 30-40%
不足前。

巳宗扬：

采中熟品种 11下—12、也枯种
可在2下—3初枯理，回去！
可走讠上走苕、还熟讠心种 回去别
成句。 ~~国可~~

    预害充伏句。60叫枯、
忑捡段对手。候等对此很
不同宅未俑前。因此，迁障
无爽地美很壹女。
    迁议加忄古捡疫工作、枯

五和区情报　关于各种途径向上级快

责许的顾害，手取比山林·平搭
的措施，并今后立方部成一套
办法和制度。

黄峥所：建立一定的制度，设立
专设机构，以便于领导和解决
实际问题……每一级机构才允许审实

广西：把材招标字，还设由
中央统一调拨，作为那节事用，
以免各部包帮，花亦很大。把
一些化肥从连江到三亚给运
也状一部之。

海南：南部在左差不少无政府
主义倾向。田喽尖队。

第乙丙生硫安——李宓增产线
以水连续红产

订立制度，西宫向之排配。

陈州：农药也是合宁。我们知之
倚之的第一复事。回吗，还这
统一拨一批供布的专用

安徽、江：从抗病看种高度看，
这又是个认识的转变区。

1974年3月2日　鹿回头小组讨论

广东，彭：晚造12月中、下旬播种较多，根据过去在这里的光温试验，如在11月份播种，往往减数分裂期正遇上低温，12月份播种减分期多在2月下旬、3月上旬，4月份结束。

早、中稻则问题较大，过迟意义不大，早播会遇上低温。

河南：简易温室是个好经验。

海南：遇低温抽穗问题，抽穗22天，留椿28天。

2月5日检查——50～70%花粉败育，2月19日检查30～40%败育。

辽宁，杨：

早、中熟品种11月下旬—12月中旬播种可在2月下旬—3月初抽穗，回去可赶上趟，迟熟品种回去则成问题。

病害是个大问题，白叶枯是检疫对象，领导对此很不同意来南育。因此，选择无病地点很重要。

建议加强检疫工作，检查新的病害，互相通情报，通过何种途径向上反映，采取比较严格的措施等，今后应当形成一套办法和制度。

遗传所：建立登记制度，设置常设机构，以便于领导和解决问题，如对方需通过哪一级批准才允许南育等。

广西，张：肥料指标问题，建议由中央统一调拨，作为南育专用，以免各省自己带，花费很大，如一吨化肥从湛江到三亚的运费就一百多元。

海南：南育存在着不少无政府主义现象，因此必须订立制度，两方面互相配合。

（氟乙酰胺——杀鼠特效药，但有连锁反应）

广东，彭：农药也是个问题，我们都是偷偷的自带一点来，因此，建议统一拨一批供南育专用。

安徽，江：从抗病育种角度来看，这里是个理想的检定区。

74. 3. 2. 晚. 鹿回光会议了

林志成报告：设想作好七，
个5个阶段：

　1. 过去的老2出发也。

　2. 旋用似吧. 农存和许种及
　　　等做利用。

　3. 改良推苋. 利用生写调节

　4. 提高充含 政定。

　5. 工厂化。

欢左已去到第二阶段的高峰
开始转入第三阶段

　　　推苋改良针手行走, 还未废
示此的更深入的设坏。

　　　搞水牧三年的国家政, 进ㄥ
差不快. 即段对玉朱. 高梁. 矿锈聿
四川南部枕于生产, 增产2.5%左右

特别是在旱农制区。只靠老化也不
行，还要一套完整的一套。如不抗
芽种病，特别是北方的。

北方孕秧可以用赤霉素，已
知有施用以先发牙田（如推后迟）
不能用上。意稻芽也厚生化还要
延后休眠。

印度水手获旧种还欠缺。印度
甜年东西地×A.C.的杂种中成到
70%的不育。为发现一个可能的雄性
不育的80种（沙七马丁）

美国：Bacco，世界选择种。
×地的品种的不育率不过100
化高手成到坏发芽。

毛团授种母结实为0.16-24%

19个化全中有17个化结比高产

亲年比多产，最高的是一样　　椎品101

200

1967

I 攻所——华印等人 pankali
回去三代即可获得不育. 但
性状不好. 会女乏食.

美国的春种小麦. ——瑞侯不育地
质的种也与4瓶麦芽同的亲近
spelta、结七二粒十麦,此间
的春种麦有不育性质, 太它以
六倍体十麦. 以杂种4瓶麦基因.

二春田的各种, 某些吴上顶端
不育, 二春田种之此种记弄.

西公间用春小麦. 育种大
发, 七年的种子可收2万5千公吨
种种.

1974.3.2. 鹿回头 口议了

李竞雄化 报告 ✓

一、加拿大小麦考察

耕地9亿多亩, 森林占苦44%.

人口2412万, 农民1400万. 首都60

多万. 西P三个省的太平至地每户

4200多亩. 以旱坳为主. 小麦、大

麦、油菜. 小麦面积. 1123千—1428

千万亩. 单产较稳定. 240左右/亩. 大

麦 297/亩 —(72年). 小麦常年于旱区

年雨量350毫米. 无灌溉. 毛女

栽培总是夏季休闲保水. 1/2轮

休. 留槎秸好能蓄1/3休闲.

不耕地. 秋收后切圆盘耙耙.

茬子露在外. 夏季在休闲地上

深耕、耙地。

中、加、美，尧为特定610万吨.

约合1人1俵一斤.

统计...5扩耘为也. 时的顶
也报1误.

二、玉米

老苏1642万，亩产376斤。各2.1
谷类作物的第一位。美、法、加、
意、西、埃、匈、南. 八国，高于苏平.
苏. 又为9.10位.

美：36-40毛以亩产236斤.
　　66-70 —— 726斤.

(中：解放前100多斤，现在280斤).

玉种在世首产比例，中占2/5.

美国大豆 50 年来亩产不增加，饲料
羊产每年增加 1%，而羊从 50 年羊每
年增加 4%。

1974 年 3 月 2 日晚　鹿回头会议室讨论会

林世成报告: 设想作物生产分 5 个阶段:

1. 过去的基础农业。

2. 施用化肥、农药和育种及杂优利用。

3. 改良株型: 利用生长调节剂。

4. 提高光合效率。

5. 工厂化。

现在已达到第二阶段的高峰, 开始转入第三阶段。

株型改良处于停顿, 还未提出新的更深入的设想。

搞水稻三系的国家不多, 进展并不快。印度对玉米、高粱、珍珠粟已利用杂优于生产, 增产 25% 左右。特别是在旱农制区。只靠雄性不育的单一来源是很危险的, 如不抗某种病, 特别是显性的。

水稻杂优可利用再生稻, 已知有用的显性基因 (如抗□□) 即能用上, 密穗等也属显性, 还有种子休眠。

印度还未获得稳定的不育系, 1971 年在西非 ×A.C. 的杂种中找到 70% 的不育, 另发现一个可能有恢复力的品种 (沙士马丁)。

美国: Baccq, 台湾光身种 × 加州品种的不育率可达 100, 但尚未找到恢复系。

包围授粉的结实 % 16~24%, 19 个组合中有 17 个组合比高产亲本增产, 最高的达一倍。

IR 所——台中亚来 1 号 ×panhali 回交三代即可获得不育系, 但性状不好, 需要改良。

美国的杂种小麦——提供不育胞质的种也是恢复基因的来源。Snella、野生二粒小麦及及法国的春小麦具有不育胞质, 大量的六倍体小麦只有弱恢复基因。

二基因的杂种, 某些点上顶端不育, 三基因的无此现象。

西部饲用杂交小麦有较大发展, 生产的种子可供 2 万 5 千公顷播种。

<u>李竞雄报告</u>

一、加拿大小麦情况

耕地 9 亿多亩，森林占总〔面积〕44%，人口 2 千 1 百万，农民 100 多万，劳力 60 多万。西部三个省的水平，平均每户 4 200 多亩，以谷物为主：小麦、大麦、油菜。小麦面积 1 亿 3 千~1 亿 8 千万亩，单产较稳定，240〔斤〕左右 / 亩，大麦 297〔斤〕/ 亩（1972 年）。小麦为半干旱区，年〔降〕雨量 350 毫米，无灌溉，主要措施是夏季休闲保水，1/2 轮休，墒情较好的为 1/3 休闲，不耕地，秋收后用圆盘耙麦，花半露在外，夏季在休闲地上除草，耙地。

中 - 加小麦：贸易协定 610 万吨，约合 1 角钱一斤。

育种以抗病为中心，对品质也很注意。

二、玉米

世界 16 亿亩，亩产 376 斤，名列谷类作物的第一位，美、法、加、意、西、埃、匈、南八国高于世〔界〕平〔均〕，苏、罗为 9、10 位。

美：1936 — 1940 平均亩产 236 斤。

1966 — 1970 平均亩产 726 斤。

（中：解放前 100 多斤，现在 280 斤。）

杂交种在增产比例中占 2/5。美国大豆 1950 年以来面积增加较多，单产每年增加 1%，玉米从 1950 年来每年增加 4%。

张江了懂回戏，山情看么

湿气尽，有烟加的加印的到印到山

　　长期型　　　37.8%
　　回期型　　　22.3%

安徽，12：

　　雨多时的不穷收。

1-10% —占 80%

　0% —— 4%

50-70% —— 10%

　　现什都空也刻送起

希生收前达到15%，

　　云，如今比近增多28-41%

比4低爱多增25%。

云南：

　　设计高粱雄交的思路上：
从698系中选（天然宠种）选单
株（川选），获得一些有雄交力的
单株。希望从中选到2个有雄
交力的品种（80%）。

1974 年 3 月 3 日　鹿回头讨论会

萍乡所: 有恢〔复〕力的品种统计:

长粒型　37.5%

圆粒型　22.3%

安徽, 江:

两系法的不育性:

1~10%——占 80%

0%——〔占〕4%

50~70%——〔占〕10%

现分株系进行选择, 希望不育度达到 5%, 子$_1$比当地种增产 28~41%, 比恢复系增 25%。

云南:

主要搞恢复系的测交。从 698 系中 (选天然杂种) 选单株测交, 获得一些有恢复力的单株。筛选法得到 2 个有恢复力的品种 (80%)。

吴知峻（广西农院）

74.3.3、鹿回头、小毛座谈。

折：优势华虎在、说在辖手的的
志瓶友孕力八是优机会虫。因改，
可另关用人孕孫，她怕怒邪些
化学有怀大优势、此后再精言
成三孕。

张：广西各地品种×卵尾孔四方
配子、增产21.3%。

蓝：北较之所以高产，主要
是靠孕优伊事结，而是靠
邪极人、而达理学体到
一个遗传上令己结构的
结菜。玉米之所以高产
是靠孕伏而事结，因为
保全交……从孕轻邪邪素麻，扣地
似学址电状六束店缩，当
子统一、内应、则邪邪邪虑

1974 年 3 月 3 日　鹿回头小组座谈

彭：优势肯定有，现在棘手的问题是恢复系少，选优机会少。因此，可事先用人杂法测定哪些组合有强大优势，然后再转育成三系。

张：广西本地品种 × 印尼水田谷的子$_1$，增产 21.3%。

蔡：水稻之所以高产，本身不是靠杂优而来的，而是长期自交、人〔工〕、自〔然〕选择得到一个遗传上合理结构的结果。玉米之所以高产，是靠杂优而来的，因此自交会衰退。从常规育种来看，有些优良性状是矛盾的，难于统一，而子$_1$则有可能。

上海协作组 袁师学

1. 52芒 × 京引59.
2. "　　" × 龙莲6号
3. 花莲玲珑 × "
4. "　　" × 平板17.

1. 已回交三代. 不需作母本杂交
比例选 90%以上. 强优势.
结实率较高低小.

　VR. 14. 40多个 0.0钟 5多 庄稼
麦方. 4—5个 终6板 种子过代 中
天4代多 ㄅ

2. 原望毛花材花 代价低 55至
0. 在杭州气候高 时元芒. 即
天也花材. 现在栽芒上 也7结实.

3.

4.

上海协作组　青浦县会议

1. 红芒 × 京引 59

2. 红芒 × 农垦 6 号

3. 崖县野稻 × 农垦 6 号

4. 崖县野稻 × 早粳 17

1. 已回交 5 代，不育性基本稳定。B_2 即达 90% 以上，败育型。缺点是开颖角度小。

测交 400 多个品种均无恢复力，4~5 个野生稻组合后代也无恢复力。

2. 属染色花粉型，但自交结实为 0。花药在气温高时开裂，用其中花粉授在柱头上也不结实。

3. 育性分离很大，但京引 59 对其中的不育株有较好的恢复力（复测亦然）。

4. 株育性比 3.[①] 分离小，属高不育。

---

① 指上述第 3 条。

人、全国发共4私方协会、项目

联系单位免费：对交流提供资料、

组织会议、准备议场、

附带三项：不讲费、主么毛生、

绿吧、高音送种

参加项目15个：

1. 选胎高产九叔、小麦品计、

2. 解决九叔不育系的临临等问题、

3. ·一、小麦、·—— 4死变异""、

4. 选针棉花品种

5. 仙选棉花不讲争

6. 大豆记种、

7. 改良些粒土、

8. 绿吧、9. 付生国N菌

10. 绿豆疏作九叔小麦癌稼、

11. 棉花芸菜稼 12. 牛奇流信、

13. 选针速成用封稼 14. 茶工

15. 松花毛民环养的松片时稼、

16. 郭米猪.　　17. 羊似毛羊　18. 马贫血病
19. 猪疫似二子病.　20. 溪除. 21. 鉴中美良种.
22. 海洋生化九产养殖似调查.

为革命悟及研技术同志个人名利,
学会技术及美区别开来.

带着完成才任何.束国资料、#引
毛讨论究.究经资工作同位有薄
今.详奴顶了区别开来.

要要安排.工作与表路
线区别开来.

照樟科了之质.一切经过讨
验与派也引意义区别开来.

学求上似不同见解与政信上似
反动观美区别开来.

对排字不齐工作的意见
（海南初用铅活）

1. 铅合太多、因为5个故特别。

2. 字缘太力。

3. 字体小。（共交者在50本以上）

4. 工作不过细。（如辱主神37.5毛）

全国农林科研协作项目

联系单位负责：交流经验、资料，组织会议，准备现场。

湖南三项：不育系、松毛虫、绿肥高产选种。

参加项目 15〔22〕个：

1. 选育单高产水稻、小麦品种。

2. 解决水稻不育系的保持系问题。

3. 解决小麦不育系的恢复系问题。

4. 选育棉花品种。

5. 创造棉花不育系。

6. 大豆良种。

7. 改良盐碱土。

8. 绿肥。

9. 自生固 N 菌。

10. 综合防治水稻、小麦、瘟病。

11. 棉枯、黄萎病。

12. 生物防治。

13. 选育速成用材树。

14. 森工。

15. 松毛虫及落叶松落叶病。

16. 杂交猪。

17. 半细毛羊。

18. 马贫血病。

19. 猪疑似二号病。

20. 渔轮。

21. 淡水鱼良种。

22. 海洋、长江水产资源的调查。

为革命钻研技术同为个人名利、单纯技术观点区别开来。

带着实践中的问题，查阅资料，进行理论研究、实验实〔室〕
工作，同厚古薄今、洋奴哲学区别开来。

妥善安排工作与专家路线区别开别〔来〕。

坚持科学态度，一切经过试验与爬行主义区别开来。

学术上的不同见解与政治上的反动观点区别开来。

对湖南不育系工作的意见

（海南学习团传达）

1. 组合太多，因此分散精力。

2. 亲缘太少。

3. 群体小（其它省在 50 株以上）。

4. 工作不过细（如杂交种子不纯）。

IR-24 未1区

IR-8 与"生国水份约231
×5L017"与"西塔迪斯等
等的一个选率"IR127-2-2"
进行杂数,选亲"IR661-1-140-
3"、1971年年号字IR-24。
Q8生生期不好返,在号地种
把生方郊行120天、

220

广西良种品种材料名录

1. IR 24.
2. IR-RI 66-1
3. IR-RI 66 |
4. IR 66 |
5. IR 409-15
6. 2/53 - G (古巴引进种)
7. 马铃
8. IR 66 5
9. 泰引 1号
10. 桂美 1号
11. 海陆 2号
12. IR 60 5 (原广西良种
推广种)

IR-24　来源

IR-8 与"生图帕纳 231 × Slo17"与西格迪斯杂交的一个选系"IR127-2-2"进行杂交，选出"IR661-1-140-3"，1971 年命名为 IR-24。对光期不敏感，在各地种植生育期约 120 天。

广西测出的恢复系

1. IR-24
2. IR-RI66-1
3. IR-RI661
4. IR661
5. IR1109-15
6. 2/53-G（古巴的早籼）
7. 马野
8. IR665
9. 泰引 1 号
10. 抗美 1 号
11. 海防 2 号
12. IR605（钦州测的，优势最强）

四空山、诗联字体书写

1. (7号 × 60 ④) × 60 ④号   7号 生 体
   " × " "   9   新十号 体 (宋体

2. 7号 × 六 点3 7 8 4

3. (7号 × 六) × 二 九点

4. (7号 × 六) × 回阳一号 (体)

5. (7号 × 六) × 美国 级 (3小)

6. (7号 × 六) × 美国级

7. (7号 × 6) × 5 点一

8. (7号 × 六) × 诗点5 (

9. (7号 × 六) × 时半 2号点3号

贺家山野败孕性情况

1.（野 ×6044）×6044 ♀　野生型

　　（野 ×6044）×6044 ♀　栽培型（最优）

2. 野 × 广矮 3784

3.（野 × 广）× 二九青

4.（野 × 京）× 向阳一号（粳）

5.（野 × 京）× 美国稻（籼）

6.（野 × 广）× 美国稻

7.（野 ×6）×5 号-1

8.（野 × 广）× 珍□51

9.（野 × 广）× 珍江矮 13 号

附录一　袁隆平大事年表

1929 年 8 月 13 日（农历七月初九）

出生于北平协和医院。

1931—1936 年

随父母先后在北平、天津、赣州、德安、汉口等地居住。

1936 年 8 月—1938 年 7 月

在汉口扶轮小学学习。

1938 年 8 月—1939 年 1 月

在湖南省澧县弘毅小学学习。

1939 年 8 月—1942 年 7 月

在重庆龙门浩中心小学（现重庆市南岸区龙门浩隆平小学）学习。

1942 年 8 月—1943 年 1 月

在重庆复兴初中学习。

1943 年 2 月—1944 年 1 月

在重庆赣江中学学习。

1944 年 2 月—1946 年 5 月

在重庆博学中学（现武汉四中·博学中学）学习。

1946 年 8 月—1948 年 1 月

在汉口博学中学高中学习。

1948 年 2 月—1949 年 4 月

在南京国立中央大学附属中学（现南京师范大学附属中学）高中学习。

1949 年 9 月—1950 年 10 月

在位于重庆北碚夏坝的相辉学院农艺系学习。

1950 年 11 月—1953 年 7 月

在西南农学院（现西南大学）农学系学习。

1953 年

9 月，毕业于西南农学院农学系，被分配到湖南省安江农业学校（现湖南省怀化职业技术学院）教书。

1956 年

在安江农校开始从事农业育种研究。

1961 年

在安江农校实习农场早稻田中发现特异稻株，随后根据实验推断其为天然杂交稻稻株，进而形成研究水稻雄性不孕性的思路。

1964 年

在洞庭早籼稻田中发现天然雄性不育株。

与邓则结婚。

1966 年

在《科学通报》1966 年第 17 卷第 4 期发表第一篇论文《水稻的雄性不孕性》。

国家科委致函湖南省科委及安江农校，支持袁隆平的水稻雄性不育研究。

1967 年

与李必湖、尹华奇正式组成水稻雄性不育科研小组。

1968 年

到广东海南岛开展冬季繁育。从这一年起，为了促进加代繁育进程，每年 10 月起就到南方的云南、广东、广西等地进行南繁。

1970 年

助手李必湖和冯克珊在海南岛南红农场找到"野败"，为籼型杂交稻三系配套打开突破口。

1971 年

调至湖南省农业科学院新成立的杂交水稻研究协作组工作。

1972 年

选育出中国第一个应用于生产的不育系"二九南 1 号 A"。

1973 年

在江苏省苏州市召开的第二次全国杂交水稻科研协作会议上，作题为《利用"野败"育成水稻三系的情况汇报》的发言，正式宣告中国籼型杂交水稻三系已配套成功。

1974 年

育成中国第一个强优势杂交组合"南优 2 号"，攻克组合选育优势关。

1975 年

赴海南指挥杂交水稻制种，任技术总顾问。制种面积达 6 万亩，其中湖南省 3 万亩。

1977 年

发表《杂交水稻培育的实践和理论》与《杂交水稻制种和高产的关键技术》两篇论文，总结杂交水稻研究与应用的经验。

1978 年

出席全国科学大会并获奖。

晋升为湖南省农业科学院研究员。

1979 年

赴菲律宾出席国际水稻研究所召开的学术会议，宣读题为《中国杂交水稻育种》的论文。与会者公认，中国杂交水稻研究和推广应用处于国际领先地位。

获国务院授予的全国先进科技工作者与全国劳动模范称号。

任农业部科学技术委员会委员、中国作物学会副理事长等多种职务。

1980 年

应邀赴美国担任杂交稻制种技术指导工作，并赴位于菲律宾马尼拉的国际水稻研究所进行技术指导与合作研究。

在中国农业科学院与国际水稻研究所合办的国际杂交水稻育种培训班授课。

1981 年

以袁隆平为主的全国籼型杂交水稻科研协作组，获新中国成立以来国家颁发的第一个特等发明奖。

1982 年

被国际同行誉为"杂交水稻之父"。

1984 年

出任湖南杂交水稻研究中心主任。

1985 年

获世界知识产权组织颁发的杰出发明家金质奖章和荣誉证书。

1986 年

培育出杂交早稻新组合"威优 49"。

应邀出席在意大利召开的利用无融合生殖进行作物改良的潜力国际学术讨论会。

在湖南长沙召开的首届杂交水稻国际学术讨论会上作题为《杂交水稻研究与发展现状》的报告，提出今后杂交水稻发展的战略设想。

1987 年

任国家"863"计划两系法杂交水稻技术研究与应用专题组组长、责任专家。

获联合国教科文组织颁发的 1986—1987 年度科学奖。

1988 年

育成光敏核不育系。

获英国朗克基金会颁发的农学与营养奖。

1990 年

任联合国粮农组织首席顾问，并受联合国粮农组织委托，赴印度指导杂交水稻技术。

1991 年

任湖南省农业科学院名誉院长。

1992 年

出席并主持在湖南长沙召开的水稻无融合生殖国际学术讨论会。

率中国代表团参加在菲律宾国际水稻研究所召开的第 2 届国际杂交水稻学术研讨会。

1993 年

获美国费因斯特基金会颁发的拯救世界饥饿奖。

1994 年

获首届何梁何利基金科学与技术进步奖。

1995 年

当选中国工程院院士。

获联合国粮农组织粮食安全保障荣誉奖。

任国家杂交水稻工程技术研究中心主任。

1996 年

出席由中共中央宣传部与中华全国总工会在北京人民大会堂联合举行的"全国科技十杰"表彰大会，并发表题为《攀登杂交水稻研究新高峰，解决中国人吃饭问题是我的毕生追求》的演讲。

获日本日经亚洲技术开发奖。

1997 年

获"国际农作物杂种优势利用杰出先驱科学家"荣誉称号。

1998 年

出席在北京召开的第 18 届国际遗传学大会，作题为《超高产杂交稻选育》的报告。

出席在上海举行的第 6 届国际水稻分子生物学会议。

获日本越光国际水稻奖。

1999 年

袁隆平农业高科技股份有限公司正式挂牌成立。

出席在湖南长沙举行的"袁隆平农业科技奖"首届颁奖仪式暨袁隆平学术思想与科研实践研讨会。

出席在北京人民大会堂举行的"袁隆平星"小行星命名仪式。

2000 年

赴菲律宾国际水稻研究所参加水稻科研会议，宣读题为《超级杂交稻育种》的论文。

2001 年

获首届国家最高科学技术奖。

获菲律宾拉蒙·麦格赛赛奖。

2004 年

获以色列沃尔夫基金会颁发的沃尔夫农业奖。

主持杂交水稻研究 40 周年纪念大会暨国际杂交水稻与世界粮食安全论坛。

获美国世界粮食奖基金会颁发的世界粮食奖。

被评为中央电视台"感动中国·2004 年度人物"十大人物之一。

2005 年

在亚太地区种子协会年会上被授予杰出研究成就奖。

2006 年

当选美国科学院外籍院士。

2007 年

出席在湖南长沙举行的中国国家杂交水稻工程技术研究中心与美国杜邦先锋海外种子公司科技合作协议签字仪式，并代表中方签字。

2008 年

出席在湖南长沙召开的第 5 届国际杂交水稻学术研讨会，作题为《中国超级杂交稻研究的最新进展》的学术报告。

获"改革之星——影响中国改革 30 年 30 人""中国改革开放 30 年·影响中国经济 30 人"和"中国改革开放 30 年·中国'三农'人物 30 人"等荣誉称号。

2009 年

出席中国杂交水稻技术对外合作部长级论坛。

入选新中国成立以来 100 位感动中国人物。

2010 年

获法国最高农业成就勋章（指挥官级）、日本新潟国际粮食奖。

2011 年

赴台湾地区访问，开展学术交流。

获国务院授予的"全国粮食生产突出贡献农业科技人员"荣誉称号。

2012 年

获马来西亚马哈蒂尔科学奖。

获中国科学技术协会授予的"十佳全国优秀科技工作者"荣誉称号。

获中国非洲人民友好协会授予的"第 4 届中非友好贡献奖"。

赴印度海德拉巴出席第 6 届国际杂交水稻学术研讨会，并作指导杂交水稻未来发展的学术
报告。

2013 年

出席首届菲律宾杂交水稻大会。

出席中国邮政在湖南怀化安江农校纪念园举行的《杂交水稻》特种邮票首发式。

2014 年

领衔攻关的两系法杂交水稻技术研究与应用获 2013 年度国家科学技术进步奖特等奖。

领衔的科研团队承担的重大科研项目——超级杂交稻"种三产四"丰产技术研究与应用，
获 2014 年度湖南省科学技术进步奖一等奖。

2015 年

9 月 19—22 日，受柬埔寨王国政府农业与农村发展委员会邀请，率团访问柬埔寨，考察
该国农业发展及杂交水稻生产。

9 月 23 日，获香港世界华商投资基金会颁发的第 14 届世界杰出华人奖。

本年，领衔主持的超级杂交稻百亩高产攻关、"百千万"高产攻关示范工程、"种三产四"
丰产工程、"三分田养活一个人"粮食高产工程四大粮食科技项目取得显著成效。

2016 年

3 月 23 日，在海南三亚举行的澜沧江—湄公河合作首次领导人会议澜湄国家合作展现场，
为参观杂交水稻展览的中国总理李克强、泰国总理巴育、柬埔寨首相洪森、老挝总理通邢、缅
甸副总统赛茂康、越南副总理范平明等六国领导人及随行的部长级官员 200 多人介绍中国超级
杂交稻。

4 月 17—18 日，回到母校西南大学，参加西南大学组建 10 周年暨办学 110 周年庆典。

9 月 21 日，袁隆平论文《水稻的雄性不孕性》发表 50 周年座谈会在湖南省农业科学院隆

重召开。

10月3日，在香港会展中心获首届吕志和奖——世界文明奖的持续发展奖。

10月20—21日，与夫人邓则一行回故乡江西德安参观考察，先后考察袁家山科普教育基地和新落成的隆平学校，并捐资10万元资助学校建设和发展。

11月24日，湖南省袁隆平农业科技奖励基金会第9届"袁隆平农业科技奖"颁给国家杂交水稻工程技术研究中心高原育繁示范中心、河北省硅谷农业科学研究院"超优千号百亩攻关"项目组、广东省"华南超级稻亩产3 000斤绿色高效模式攻关"项目组、湖北省蕲春县超级杂交稻"南方一季加再生稻百亩片超高产模式攻关"项目组、广西灌阳县"超级杂交稻超高产攻关"项目组、山东省莒南县"北方高纬度超级杂交稻百亩高产攻关"项目组、湖南省隆回县羊古坳镇"超级杂交稻高产攻关示范"项目组、湖南省广播电视台新闻中心新闻联播采访组等8个单位和集体。

2017年

6月18日，由湖南省歌舞剧院创作的大型音乐剧《袁隆平》在湖南大剧院首演。

7月18日，由西南大学编排的讴歌袁隆平精神的校园诗境话剧《问稻》在西南大学校园首演。

10月18日，作为特邀人士列席中国共产党第十九次全国代表大会开幕式和10月24日的闭幕式。

本年，带领团队创造水稻较大面积示范（百亩连片）世界高产纪录，掌握了第三代杂交水稻育种技术，耐盐碱水稻研究、镉低积累水稻研究取得新突破，圆满实现"种三产四"丰产工程既定目标，推进了"三分田养活一个人"粮食高产工程，获国家科学技术进步奖创新团队奖，并获湖南省创新成果奖、湖南省科学技术进步奖一等奖各1项。

2018年

4月12日，陪同前来海南三亚考察南繁工作的习近平，察看海棠湾的国家南繁科研育种基地"超优千号"超级杂交水稻展示田。

8月31日，几内亚比绍共和国总统若泽·马里奥·瓦斯访问湖南杂交水稻研究中心时，邀请袁隆平访问几内亚比绍，进行考察调研。

9月3日，袁隆平超级杂交稻云南个旧示范基地刷新水稻大面积种植产量世界纪录，百亩示范片平均亩产达1 152.3千克。

9月6日，塞拉利昂共和国总统朱利叶斯·马达·比奥访问湖南杂交水稻研究中心时，希望袁隆平能将杂交水稻推广至塞拉利昂提高稻米产量，帮助当地解决粮食安全问题并为塞拉利昂人民带去福祉。

9月7日，出席在湖南长沙举行的首届国际稻作论坛开幕式。

9月，与中国科学院院士李家洋、张启发共同获第3届未来科学大奖"生命科学奖"。

12月18日，作为杂交水稻研究的开创者，被中共中央、国务院授予"改革先锋"荣誉称号，并获颁"改革先锋"奖章。

2019年

2月27日，主持完成的"第三代杂交水稻"项目获湖南省技术发明奖一等奖。

3月28日，在博鳌亚洲论坛2019年年会上与中共中央政治局常委、国务院总理李克强亲切会见，并向李克强呈上关于请求设立国家耐盐碱水稻技术创新中心的报告。

6月3日，亲笔签发《科研任务告示》，提出湖南杂交水稻研究中心当前三大重点科研任务为：超级稻高产攻关、耐盐碱水稻品种选育、第三代杂交水稻技术应用推广。

9月29日，在中华人民共和国国家勋章和国家荣誉称号颁授仪式上，接受中共中央总书记、国家主席、中央军委主席习近平颁授的"共和国勋章"。

2020年

11月2日，袁隆平院士团队实现普通生态区双季稻产量重大突破——在湖南省衡南县云集镇30亩示范田里，第三代杂交晚稻和第二代杂交早稻双季亩产突破1 500千克，达1 530.76千克。

11月16日，获得智利麦哲伦海峡奖。

2021年

5月9日，提出的"3 000斤工程"项目在海南二业示范种植的早造超级杂交稻测产平均亩产达1 004.83千克，有望全年双季亩产达到1 500千克。

5月22日，在湖南长沙病逝。

附录二　袁隆平所获主要奖励

国内：

1981 年 6 月，国家技术发明特等奖；

1999 年 10 月，全国"杰出专业技术人才"奖章；

2001 年 2 月，首届国家最高科学技术奖；

2007 年 9 月，全国道德模范；

2012 年 12 月，全国粮食生产突出贡献农业科技工作者称号；

2014 年 1 月，国家科学技术进步奖特等奖；

2018 年 1 月，国家科学技术进步奖创新团队奖；

2018 年 9 月，未来科学大奖"生命科学奖"；

2018 年 12 月，"改革先锋"荣誉称号；

2019 年 9 月，"共和国勋章"。

国际：

1985 年 10 月，世界知识产权组织颁发的杰出发明家金质奖章；

1987 年 11 月，联合国教科文组织颁发的科学奖；

1988 年 3 月，英国朗克基金会颁发的农学与营养奖；

1993 年 4 月，美国费因斯特基金会颁发的拯救世界饥饿奖；

1994 年 5 月，首届何梁何利基金科学与技术进步奖；

1995 年 10 月，联合国粮农组织颁发的粮食安全保障荣誉奖；

1996 年 5 月，日本经济新闻社颁发的日经亚洲技术开发奖；

1997 年 8 月，第三届作物遗传与杂种优势利用国际学术会（墨西哥）颁发的"国际农作物杂种优势利用杰出先驱科学家"荣誉称号；

1998 年 11 月，日本越光国际水稻奖事务局颁发的越光国际水稻奖；

2001 年 8 月，菲律宾拉蒙·麦格赛赛奖基金会颁发的拉蒙·麦格赛赛奖；

2002 年 5 月，越南政府颁发的越南农业和农村发展荣誉徽章；

2004 年 5 月，以色列沃尔夫基金会颁发的沃尔夫农业奖；

2004 年 9 月，泰国皇室颁发的"金镰刀"奖；

2004 年 10 月，世界粮食奖基金会颁发的世界粮食奖；

2005 年 11 月，亚太地区种子协会颁发的 APSA 杰出研究成就奖；

2010 年 3 月，法国政府颁发的法兰西共和国最高农业成就勋章（指挥官级）；

2010 年 10 月，日本新潟国际粮食奖事务局颁发的新潟国际粮食奖；

2012 年 1 月，马来西亚马哈蒂尔科学奖基金会颁发的马哈蒂尔科学奖；

2016 年 10 月，吕志和奖有限公司颁发的吕志和奖——世界文明奖。

2020 年 11 月，智利外交部国家形象委员会颁发的麦哲伦海峡奖。

图书在版编目（CIP）数据

袁隆平全集 / 柏连阳主编. -- 长沙：湖南科学技术出版社，2024.5.
ISBN 978-7-5710-2995-1

Ⅰ. S511.035.1-53

中国国家版本馆 CIP 数据核字第 2024RK9743 号

YUAN LONGPING QUANJI DI-SHI'ER JUAN

袁隆平全集 第十二卷

主　　编：柏连阳
执行主编：袁定阳　辛业芸
出 版 人：潘晓山
总 策 划：胡艳红
责任编辑：胡艳红　张蓓羽　任　妮　欧阳建文
责任校对：唐艳辉　赖　萍
责任印制：陈有娥
出版发行：湖南科学技术出版社
社　　址：长沙市芙蓉中路一段 416 号泊富国际金融中心
网　　址：http://www.hnstp.com
湖南科学技术出版社天猫旗舰店网址：
　　　　　http://hnkjcbs.tmall.com
邮购联系：本社直销科 0731-84375808
印　　刷：长沙玛雅印务有限公司
　　　　　（印装质量问题请直接与本厂联系）
厂　　址：长沙市雨花区环保中路 188 号国际企业中心 1 栋 C 座 204
邮　　编：410000
版　　次：2024 年 5 月第 1 版
印　　次：2024 年 5 月第 1 次印刷
开　　本：889mm×1194mm　1/16
印　　张：16
字　　数：217 千字
书　　号：ISBN 978-7-5710-2995-1
定　　价：3800.00 元（全 12 卷）

后环衬图片：袁隆平在国际水稻研究所开展合作研究时在试验田中工作